U0078086

對本書的讚譽

無論是否意識到，我們都已生活在數位化的世界中；無論是否意識到，我們也都正生活在工業革命以來最大的經濟和社會變革之一的陣痛中。它是關於將過去許多屬於非數位或手動形式的傳統業務流程，轉變為將從根本上改變我們生活、經營業務以及為客戶提供價值的方式、流程。藉由資料定義、通知和預測——它將用於滲透新市場、控制成本、增加收入、管理風險，並幫助我們發現周圍的世界。但要實現這些好處，必須要先能妥善地管理資料。因此，《資料治理：技術手冊》將帶您了解資料管理和資料治理的各方面事務，包括人員、流程和工具、資料所有權、資料品質、資料保護、隱私性和安全性等，並且以一種實用且易於理解的方式說明。資料專業人士必讀！

John Bottega——資料管理跨行業同業協會主席

越來越多的企業正在發展以洞察力驅動為導向的業務，有鑑於此，它們會從資料榨取出價值，以滿足新的業務使用案例和商業生態系統。除了這種商業複雜性、來自市場的干擾和快速反應市場需求之外，資料治理是使資料具備可信度、安全性和其他相關元素的前線和中心。這也不是從前那種緩慢且官僚的資料治理。這本書分享現代資料治理，如何確保資料是您業務彈性、靈活性、速度和增長機會的基石，而不是事後諸葛的空話。

Michele Goetz——Forrester 公司副總裁 / 首席分析師——業務洞察力

資料治理已經從一門關注成本和合規性的學科，逐漸演變為推動組織發展和創新的學科。今日的資料治理解決方案，因建立起連續、自主和良性循環的技術進步而受益。這反過來又變成一個生態系統：一個資料能得到妥善利用的社群，使得做正確的事也可以很容易。若是公司高層希望將資料視為資產，並提供積極業務成果，就需要重新思考治理的作用，並採用《資料治理：技術手冊》中所提供的現代和變革性的方法。

Jim Cushman——Collibra 公司首席產品長

資料治理技術手冊

致力於資料可信度的人員、流程和工具

Data Governance: The Definitive Guide

People, Processes, and Tools to Operationalize Data Trustworthiness

Evren Eryurek, Uri Gilad, Valliappa Lakshmanan, Anita Kibunguchy-Grant, and Jessi Ashdown 著

簡誌宏　譯

O'REILLY®

目錄

前言

近年來，遷移到雲端的便捷性大為改善，並使得快速增長的資料消費者社群，在蒐集、捕獲、存儲和分析資料以獲得洞察力和決策制定方面，變得充滿更多可能性。由於各種原因，並隨著雲端計算的採用不斷地增長，資訊管理利益相關者，開始對在雲中管理資料所涉及的潛在風險有所疑問。從事醫療保健行業工作的 Evren 第一次遇到這樣的問題，而不得不制定流程和技術以管理資料。現今，在 Google Cloud（Google 雲 / Google 雲端）上，Uri 和 Lak 幾乎每週都會回答這些問題，並就從資料中獲取價值、打破資料孤島、保持匿名、保護敏感資訊和提高資料可信度等方面提出建議。

我們注意到 GDPR[1] 是讓客戶行為徹底變化的原因，其中我們的一些客戶甚至認為，他們必須刪除所擁有的資料，以符合 GDPR 規定。和其他反應相比起來，正是這種反應更促使我們要寫這本書，以藉此記錄我們多年來向 Google Cloud 客戶提供的建議。如果資料是新興貨幣，我們不希望企業對它感到恐懼；資料一旦遭到鎖定或不受信任，就沒有價值。

我們都為幫助 Google Cloud 客戶獲得技術支出的價值而感到自豪。資料是一項巨大的投資，我們自覺有義務為客戶提供從中獲取價值的最佳方式。

1 *https://gdpr.eu/what-is-gdpr*

客戶的問題通常不外乎以下三個風險因素：

保護資料

在本地端部署系統的大型企業通常期望嚴謹的安全性，因此，將資料儲存在公有雲的基礎設施中，往往會使這些企業對安全性有所疑慮。隨著新聞中出現大量的安全威脅和資料洩露事件，也讓組織擔心他們可能會成為下一個受害者。這些因素帶來了風險管理問題，如防止未經授權的存取或暴露敏感資料，這些敏感資料包括個人識別資訊（PII）以及公司機密資訊、商業機密或知識產權。

法規和合規

近年來，一系列不斷增長的法規日益引起關注，包括加州消費者隱私保護法案（CCPA）、歐盟的一般資料保護規定（GDPR）以及某些行業的特定標準，例如金融行業的全球法人機構識別碼（LEI）和保險行業的資料標準ACORD。而負責遵守這些法規和標準的合規團隊，可能會對監督和控制存儲在雲中的資料感到憂心。

可視性與其控制

資料管理專業人員和資料消費者有時無法了解自己身處的資料環境：哪些資料資產可用？這些資產位於何處以及如何使用和是否可以使用？誰有權存取資料以及他們是否應該擁有對資料的權限？這種不確定性限制了他們進一步地利用自己的資料，來提高生產力或推動業務價值的能力。

這些風險因素清楚地表明，需要增加資料評估、替元資料編寫目錄、存取控制管理、資料品質和資訊安全以作為核心資料治理能力。雲端供應商不僅應該提供這些能力，而且還應該以透明的方式不斷地為其升級。從本質上講，在不放棄雲端計算提供好處的情況下解決這些風險，不僅更能讓人理解在雲端中資料治理的重要性，而且也能更加地理解哪些資料較為重要。良好的資料治理可以讓客戶感到信任，並有效改善客戶體驗。

為什麼您的企業需要雲端中的資料治理？

隨著您的企業產生更多資料並將其移動到雲中，資料的管理會在許多基本方面發生變化。組織應注意以下事項：

風險管理

敏感資訊暴露給未經授權的個人或系統、安全漏洞，或已知人員在錯誤的情況下存取資料等，都讓人擔心。有鑑於此，組織希望將這種風險降至最低，因此需要額外的保護形式，例如加密，以混淆資料物件內的嵌入式資訊，使得在系統遭到破壞時也能夠保護資料。此外，還需要其他工具來支持存取管理、識別敏感資料資產並制定保護策略。

資料的激增

企業建立、更新和串流傳輸其資料資產的速度有所提高，雖然基於雲端的平台能夠處理不斷增加的資料、數量和種類，但在高頻寬串流資料方面，引入控制和相關機制以快速地驗證品質非常重要。

資料的管理

若是需要採用外部的資料來源和串流資料，包括來自第三方的付費資料，即意味著您應該有心理準備，不信任所有外部資料來源。您可能需要引入記錄資料歷程、分類和元資料的工具，以幫助您的員工（尤其是資料消費者）瞭解所使用的資料，並且根據他們對資料資產生成方式的了解，來確定資料的可用性。

資料的發現（及資料感知）

將資料移動到任何類型的資料湖泊，不管是雲端或本地端，都存在失去追蹤哪些資料資產已移動、其內容的特徵以及元資料細節的風險。因此，無論該資料位於何處，具備評估資料資產內容和其敏感性的能力變得非常重要。

隱私性和合規性

法規遵從性需要可審計和可衡量的標準與程序，以確保遵守組織內部的資料政策以及政府的法規。並且，將資料遷移到雲端上意味著組織需要工具來執行、監控和回報合規性，並確保正確的資料能交給對的人，使用在對的事情上。

雲端中的資料治理框架和最佳實踐

有鑑於資料管理經常處於變化中，組織應如何思考在雲端中的資料治理及其重要性？根據 *TechTarget* 的說法，資料治理是：

> 對企業使用的資料而言，是指可用性、易用性、完整性和安全性的整體管理。一個健全的資料治理計畫，包括一個管理機構或委員會、一套明確的程序和執行這些程序的計畫[2]。

簡而言之，資料治理包含人員、流程和可以協同工作的技術、方式，針對已定義和具備共識的資料治理策略，實現可被審計的合規性。

資料治理框架

企業需要通盤性的考量資料治理，從攝取何種資料、攝入多少資料量到編撰目錄、持久化、保留、存儲管理、共享、歸檔、備份、恢復、預防資料遺失、配置以及移除和刪除：

資料的發現和評估

當談到建立和管理資料湖泊時，使用雲端環境通常代表提供的是一種經濟導向的選擇，但針對資料資產的遷移，仍存在其不受監管的風險。這種風險代表一種潛在損失，指的是對資料湖泊中資料資產的了解程度、每個物件中包含的資訊以及這些資料物件的來源。雲端中資料治理的最佳實踐是資料的發現和評估，以便了解您擁有哪些資料資產。資料發現和評估流程用於識別雲端環境中的資料資產，並且追蹤和記錄每個資料資產的來源和歷程、應用了哪些轉換以及該物件元資料。（這裡對元資料描述的資訊類似人口統計學科那樣詳細，例如創建者姓名、物件大小、如果是結構化資料物件的話，則記錄筆數；或該物件的最近更新時間。）

2 Craig Stedman 和 Jack Vaughan，〈何謂資料治理及其重要性？〉（What Is Data Governance and Why Does It Matter?）TechTarget，2019 年 12 月。本文於 2020 年 2 月更新；當前版本已不再包含此引用（*https://oreil.ly/OdvVk*）。

資料分類和組織

正確地評估資料資產，並掃描不同屬性的內容有助於對資料資產進行後續的組織分類工作。此過程還可以推斷所分析之物件是否包含敏感資料，如果包含敏感資料，如個人及私人資料、機密資料或知識產權，則需根據該資料敏感級別分類。若要在雲中實施資料治理，您需要概要分析和分類敏感資料，以確定哪些治理策略和程序適用於該資料。

編撰資料目錄及元資料管理

一旦您的資料資產可評估和分類，則記錄您的學習收穫至關重要，這樣您的資料消費者社群就可以了解您所組織的資料樣貌。有鑑於此，您需要維護一個資料目錄，其中包含結構化的元資料、物件元資料，以及與治理指令相關的敏感度級別評估（例如遵守一項或多項資料隱私法規）。資料目錄不僅允許資料消費者查看此資訊，而且還可以作為搜索和發現功能的反向索引的一部分，只要給定正確關鍵字不管是按特定片語或是某個概念名詞均可以搜索。此外，了解資料物件是屬於結構化或半結構化格式也很重要，因為您需要依據實際需求，以允許系統分別地處理不同格式的資料物件。

資料品質管理

當談論資料品質時，不同的資料消費者可能會有不同的要求，因此提供一種符合期望的記錄資料品質方法，以及支持資料驗證和監控過程的技術和工具非常重要。資料品質管理流程包括建立驗證控制、啟用品質監控和報告、支持用於評估事件嚴重程度的分類流程、啟用根本原因分析和資料問題補救措施建議，以及資料事件追蹤。正確的資料品質管理流程將提供可衡量且值得信賴的資料，以便分析。

資料存取管理

關於資料存取的治理有兩個方面。第一個方面是提供對可用資產的訪問。提供資料服務以允許資料消費者存取十分重要，幸運的是，大多數雲服務平台都提供開發資料服務的方法。第二個方面是防止不當或未經授權的存取。定義身分、分組和角色並分配存取權限，以建立一定程度的存取託管也很重要。這樣的最佳實踐涉及管理存取服務，以及透過定義角色、指定存取權限、管理和分配存取金鑰，來與雲端服務供應商的身分識別與存取管理（IAM）服務進行互動操作，這些措施得以確保只有經過授權和身分驗證的個人和系統，才能根據已定義的規則存取資料資產。

審計

組織必須要能夠評估他們的系統，以確保系統按照設計初衷運行。因此，監視、審計和追蹤，即知道誰在何時做什麼事，以及使用哪些資訊，能幫助安全團隊蒐集資料、識別威脅，並在威脅導致業務損害或發生損失之前採取行動。定期執行審計以檢查控制措施的有效性非常重要，以便快速應對威脅並評估整體安全狀況。

資料保護

儘管資訊技術安全小組努力建立外圍安全措施，以作為防止未經授權的個人存取資料的一種方式，但外圍安全措施一直以來都不足以保護敏感資料。雖然您可能成功地阻止某人闖入您的系統，但您仍然無法防止內部安全漏洞甚至資料洩露。因此，制定額外的資料保護，包括靜態加密、傳輸中加密、資料屏蔽和永久刪除等方法非常重要，以確保已遭受暴露的資料無法讀取。

在您的組織中實施資料治理

相關技術當然有助於支持上一節介紹的資料治理原則，但是實務上，資料治理遠超出了產品和工具的選擇與實施範圍。資料治理計畫的成功取決於以下因素的組合：

- 建立業務案例、開發營運模型並承擔適當角色的人員
- 可行的政策、實施和執行的流程
- 幫助人們執行這些流程方式的技術

以下步驟對於規劃、啟動和支持資料治理計畫至關重要：

1. **構建業務案例**。藉由識別關鍵業務驅動因素來建立業務案例，以證明與資料治理相關的工作和投資是合理的。概述那些您感知到的資料風險（例如在雲端平台上存儲資料），並說明資料治理如何幫助組織減輕這些風險。
2. **文件指導原則**。確立與企業資料治理和監督相關的核心原則。在資料治理章程中記錄這些原則，以提交給管理層。
3. **獲得管理層的支持**。吸引資料治理擁護者，並獲得主要高級利益相關者的支持。將您的業務案例和指導原則提交給公司高層以供批准。

4. **開發營運模式**。獲得管理層批准後，定義資料治理角色和職責，然後為資料治理委員會和資料管理團隊描述流程和程序，他們將制定相關流程，以用於定義和實施策略，以及審查和補救已識別資料的問題。

5. **建立當責框架**。建立一個框架來分配關鍵資料領域的保管和責任。確保資料環境中的「資料擁有者」對其資料的可見性。並提供一種方法，以確保每個人都對資料可用性的貢獻負責。

6. **發展分類方式和本體**。考量在治理實踐上，可能有許多與資料分類、組織，以及在敏感資訊情況下的資料保護相關治理指令。為了使您的資料消費者能夠遵守這些指令，必須明確定義類別（用於組織結構），和分類（用於評估資料敏感性）。

7. **集結正確的技術堆棧**。一旦您為員工分配資料治理角色，並定義和批准您的流程和程序，就應該組裝一套工具，來促進持續驗證資料策略的合規性和準確的合規性報告。

8. **建立教育系統和培訓機制**。藉由發展教育用途的相關材料，以強調資料治理的實踐、程序，和支持治理的技術使用，提高對資料治理價值的認識。照計畫定期培訓課程，以加強良好的資料治理實踐。

強大資料治理的商業利益

資料安全、資料保護、資料可存取性，和易用性、資料品質以及資料治理的其他方面將陸續誕生，並發展成為組織的關鍵優先事項。隨著越來越多的組織將其資料資產遷移到雲端，對確保資料實用性的可審計實踐需求也將繼續增長。為了解決這些面向，企業應圍繞著三個關鍵組成部分，以制定資料治理實踐：

- 一個使人們能夠定義、同意和執行資料策略的框架
- 跨本地系統、雲端存儲和資料倉儲平台，控制、監督和管理所有資料資產的有效流程
- 用於實施資料策略合規性的正確工具和技術

考量到這個框架，有效的資料治理政策和營運模型為組織提供了建立控制和保持資料資產可見性的途徑，從而提供了優於同行的競爭優勢。當組織在其內部推廣資料驅動的文化時，它們可能會獲取許多好處，尤其是：

改進決策制定

更完善的資料發現，意味著使用者永遠可以在需要時找到資料，從而提高效率。資料驅動的決策制定在改進組織內的業務規劃方面發揮重要作用。

更理想的風險管理

良好的資料治理運營模式可幫助組織更輕鬆地審核其流程，從而降低被罰款風險、增加客戶信任並改善營運。可以最大限度地減少停機時間，同時提高生產率。

監管合規性

越來越多的政府監管使得組織建立資料治理實踐變得更加重要。有了良好的資料治理框架，組織可以適應不斷變化的監管環境，而不只是簡單地對其做出反應。

隨著您將更多資料遷移到雲端中，資料治理提供了一定程度的資料濫用保護。同時，對已定義的資料策略的可審計合規性，有助於向您的客戶證明您能保護他們的私人資訊，減輕他們對這方面風險的擔憂。

本書目標讀者

當前的資料成長幅度前所未有，加上法規和罰款的增加，意味著組織被迫研究自身資料治理計畫，以確保它們不會成為下一個被處罰的對象。因此，每個組織都需要了解其蒐集的資料內容、與該資料相關的責任和法規，以及有權存取這些資料的人。如果您想知道這代表的意義、需要注意的風險以及必須牢記的注意事項，則這本書適合您閱讀。

本書也適用於那些需要讓資料變得更為可信的流程或技術的人。本書涵蓋人員、流程和技術可以協同工作的方式，針對已定義和具備共識的資料治理策略，實現可被審計的合規性。

資料治理的好處為多面向，從法規、合規性到更好的風險管理，以及藉由建立新產品和服務，來推動營收和節約成本的能力。閱讀本書，了解如何建立對資料資產的控制並保持可見性，將能為您提供超越同行的競爭優勢。

本書編排體例

本書使用以下排版約定：

斜體（*Italic*）

表示新術語、URL、電子郵件地址、文件名和文件的副檔名。

定寬（`Constant width`）

用於程式列表，以及在段落中引用程式中的元素，例如變數或函數名稱、資料庫、資料類型、環境變數、語句和關鍵字。

代表提示或建議。

代表一般性注意事項。

代表警告或警示事項。

致謝

感謝我們各自的家人、同事和主管。O'Reilly 的編輯 Gary O'Brien，是我們的洪荒之力，如果沒有他不斷的激勵和寶貴的建議，這本書就不會存在。還要感謝技術審閱者對我們提供的寶貴建議。

第一章

何謂資料治理？

資料治理是一種資料管理功能，用於確保組織所蒐集的資料質量、完整性、安全性和可用性。從資料的生成或蒐集，直至該資料的銷毀或備份存檔，每個時間點都需要考慮置入資料治理。在資料生命週期中，資料治理的重點是提供某種形式，使所有的利益相關者都可以輕鬆地存取資料。此外，這個工具必須是他們可藉此產生所需業務成果（某種洞見、分析），並符合相關監管標準的方式。而這標準通常代表某些實體單位的共識與交集，如醫療保健業；或政府所需的資料隱私性，及一般公司行號的政治立場中立等。此外，資料治理需要確保企業內所有資料能整合成高品質的資料，讓所有利益相關者獲取參考。高品質資料的定義有很多，例如正確、最新且一致的資料。最後，置入資料治理是為了確保資料安全，也就是說：

- 只允許得到授權的使用者，以合法方式存取資料
- 它是可受稽核的，這意味著所有存取，包括更改都會記錄下來
- 確保一切符合規範

資料治理的目的是增強對資料的信任。值得信賴的企業資料必不可少，它讓使用者能夠藉此來支持決策的制定、風險的評估和使用關鍵績效指標（KPI）以管理。藉由資料的使用，您手上有足夠的證據可以加強對決策過程的信心。並且，無論企業規模大小、資料量多寡，資料治理的原則都是一樣的。然而，參與者往往會考慮到他們所處的實際環境，在資料治理的工具層面和實作方面做出選擇。

資料治理的內容為何？

巨量資料分析的出現，得益於將資料遷移到公有雲的便捷性，和不斷增長的計算能力，並進一步驅動一群雄心壯志的資料工作者蒐集、存儲和分析資料，以獲取洞見與決策。如今，幾乎每個電腦應用程式，都是基於蒐集而來的商業資料以提供資訊服務，因此，無論是藉由新系統以蒐集資料集，還是從外部供應商購買資料集，新點子的產生，不可避免地涉及以新的方式分析既有資料。您的組織是否有機制來審查新的資料分析技術、確保蒐集到的所有資料都得到安全存儲且具備一定品質？而且，基於此資料而產生的功能，是否會增加您的品牌價值？雖然一般人很容易只關注資料蒐集和巨量資料分析的威力和可能性，但資料治理是一個非常現實且再重要不過的考慮因素，不容忽視。2017 年，《哈佛商業評論》（*Harvard Business Review*）指出，超過 70% 的員工可以存取他們不應該存取的資料[1]。這並不是說公司應該採取防禦姿態；這只是說明了，資料治理對於防止資料洩露和不當使用的重要性。良好的資料管理可以為組織帶來可衡量的收益。

Spotify 創造新功能：個人化音樂播放清單

說到良好的資料管理能為組織帶來的可衡量收益，以及徹底改變整個行業的資料可用性，最好的例子就是 Spotify 的個人化音樂清單功能。在 2010 年代初期，大多數人聽音樂的方式仍然是購買實體專輯，或是將擁有的歌曲、最近收聽的內容截錄至電腦，以重新編排，創建屬於自己的播放清單。

除了合法管道取得歌曲以外，還有一個龐大且繁榮的非法音樂共享生態系統，讓人可以添加盜版音樂至播放清單中。而為了抑制盜版音樂生態，唱片公司便允許音樂以數位形式銷售，隨著人們的數位設備儲存容量擴增以及網絡連接益加可靠，消費者開始願意將他們購買的歌曲保存在網絡上，並串流傳輸至手機上聆聽。除此之外，唱片公司也願意嘗試新的銷售模式，以歌曲在平台上的串流播放次數收費，而不是一次性地賣斷歌曲給消費者。

1 Leandro DalleMule 和 Thomas H. Davenport，〈您的資料策略是什麼？〉（What's Your Data Strategy?），《Harvard Business Review》，2017年5月至6月：112–121（*https://oreil.ly/kBC23*）。

現在世界上最大的音樂串流服務 Spotify 就是這樣開始的。可以說，Spotify 的存在正歸功於資料治理。由於當時盜版音樂正在摧毀整個音樂產業，於是 Spotify 最初以數位版權管理保護的音樂為主要業務，並提供唱片公司從他們的音樂作品中獲得報酬的一種方式。Spotify 的完整商業模式建立在圍繞追蹤用戶播放的歌曲，並因這些歌曲向音樂人回饋有償報酬。這樣的商業模式能夠證明其對資料的處理值得信賴，這是 Spotify 成為可行的音樂服務首要原因。

Spotify 密切關注使用者播放的歌曲，這項事實表示它擁有大家都在聽些什麼歌曲的資料。因此，Spotify 現在可以向聽眾推薦新歌。此類推薦演算法主要基於以下 3 點：

- 查找您所聽的音樂人其他歌曲，或相近風格的其他歌曲（例如 1940 年代爵士樂）。這稱為*基於內容的推薦*。
- 找到與您有相近喜好的其他使用者，並將這些使用者喜歡的歌曲推薦給您。這稱為*協同過濾*。
- 使用模型分析您喜歡歌曲的原始音檔，並推薦相似的歌曲。原始音檔能捕捉許多固有特徵，例如節拍。如果您偏好節奏快、樂句重複的音樂，該演算法可以推薦結構相似的其他歌曲。這稱為*相似度匹配*。

Spotify 的工程師愛德華．紐特（Edward Newett）在當時有一個有趣的想法[2]：與其一次只推薦一首歌曲，何不如讓 Spotify 創建推薦的播放列表？因此，每個星期一，Spotify 都會為每個使用者推薦一些他可能喜歡的音樂曲目，即是「個人化音樂播放清單」。

「個人化音樂播放清單」大獲成功，推出後一年內，超過 4000 萬人使用該服務，並播放近 50 億首曲目。深度個性化已經奏效。「個人化音樂播放清單」的音樂讓使用者聽起來很熟悉，但仍然保有新奇感。這項服務讓音樂愛好者可以發現新作品，讓新音樂人找到聽眾，它還為 Spotify 的客戶提供每週都值得期待的活動。

2 *https://oreil.ly/3ZQnQ*.

Spotify 能夠使用其推薦演算法，為音樂人和唱片公司提供相關粉絲偏好的見解；也可以利用推薦演算法來擴展使用者的音樂偏好，並介紹新興樂團。這種額外的知識和行銷能力，讓 Spotify 能夠在與音樂發行商的談判中占據優勢地位。

關於使用者的聆聽資訊習慣，如果 Spotify 沒有辦法保證會以負責任的方式用於改善使用者自身音樂聆聽體驗，則這一切都不可能實現。有鑒於歐洲監管機構非常保護歐盟公民的隱私，總部位於歐洲的 Spotify 如果無法證明它擁有強大的隱私控制舉措，並且確保資料科學家可以兼顧設計演算法而不會洩露使用者個人資料，就不可能讓其推薦系統落地成真。

「個人化音樂播放清單」展示了適當管理下的資料，如何創造出深受喜愛的品牌，並改變整個行業的市場領先者地位。除此之外，Spotify 藉由「年度回顧」（Spotify Wrapped）功能，擴展它的推薦系統影響力，世界各地的聽眾都可以在這個功能上，深入了解他們一年中最難忘的聆聽時刻。這是讓人們記住和分享他們最常聽的歌曲和音樂人的好方法（見圖 1-1）。

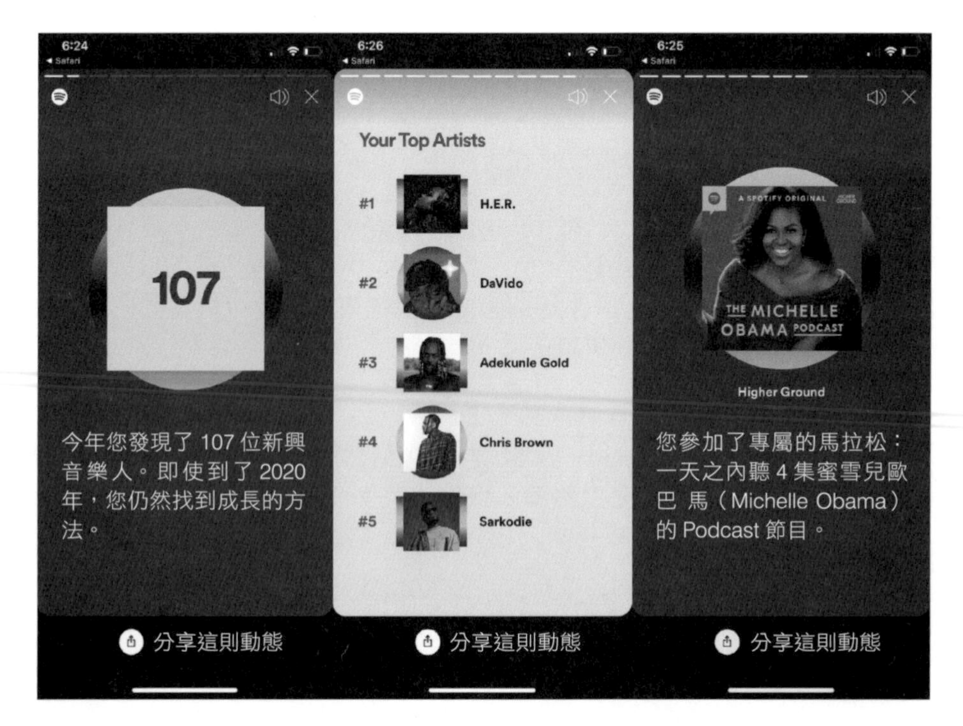

圖 1-1　本書作者之一 Anita Kibunguchy-Grant 的 2020 年度回顧播放列表

資料治理的整體方法

幾年前，當帶有 GPS 感測器的智慧型手機開始變得無所不在時，本書的其中一位作者正在研究機器學習演算法，以預測冰雹發生。然而機器學習需要標記資料才能訓練，但基於研究團隊所需的時間和空間解析度條件，非常缺乏這些資料，我們的團隊於是想到創建一個行動應用程式的想法，該應用程式允許公民科學家（非專業科學家）回報他們所在位置的冰雹資訊[3]。這是我們第一次可以自行選擇所蒐集的資料；在此之前，不管國家氣象局（National Weather Service）蒐集哪些資料，我們都只能照單全收。考慮到學術環境中，資訊安全工具處於早期且未完全發展成熟的狀態，我們決定放棄回報資料內的所有個人身分資訊，並使其完全匿名，即使這意味著報告內的某些資訊類型變得有些不可靠。但從另一個角度來看，這些匿名資料也帶來不少好處：我們開始以更高解析度來評估冰雹演算法，這樣的方式進一步地提高預測品質。這個新資料集能夠校準現有資料集，從而也提高其他資料集的資料品質。這些延伸好處不只帶來資料品質，並開始增加可信度；由於公民科學家的參與是非常新穎的點子，因此，國家公共廣播電台（National Public Radio, NPR）報導了該專案，並強調匿名資料蒐集所帶來的影響力[4]。從資料治理的角度回顧審視，它讓我們仔細思考應該蒐集哪些資料回報，改善企業資料的品質，強化國家氣象局的預報品質，甚至有助於增強氣象產業的整體形象。這種合規性、更好的資料品質、新的商業機會和信賴度強化的效果組合，是資料治理整體方法的結果。

經過幾年之後，現在我們都是 Google 公有雲的工程團隊一員，並為可擴展的雲端資料倉儲和資料湖泊構建技術。我們的企業客戶反覆關注的問題之一，是他們應該採用哪些最佳實踐和策略來管理資料的分類、發現、可用性、可存取性、完整性和安全性；也就是所謂的資料治理，客戶此時此刻因面對它而感到擔憂的心情，與我們在學術界的小團隊時期一樣。

然而，企業可用於執行資料治理的工具和能力非常強大且多樣化。我們希望能說服您，不用害怕資料治理，正確地使用資料治理可以開闢全新可能性。雖然您最

3　此移動應用程式是「近地氣象現象識別」專案（mPING，*https://mping.ou.edu*），由 NSSL、奧克拉荷馬州立大學和中尺度氣象研究合作研究所（Cooperative Institute for Mesoscale Meteorological Studies）共同合作開發。

4　這是廣播報導，但您可以在 NPR 的 All Tech Considered 部落格上進一步閱讀相關資訊（*https://oreil.ly/uWwml*）。

初可能只是服從法律或以合規性的角度來處理資料治理，但應用治理策略，可以推動業務目標增長並降低成本。

增強對資料的信任

最後，資料治理的終極目標是建立起對資料的信任。資料治理之所以有價值，是因為它增加了利益相關者對資料的信任——特別是對資料蒐集、分析、發布或使用方式的信任。

確保對資料的可信賴度，需要資料治理政策以解決 3 個關鍵方面：**可發現性**、**安全性**和**當責性**（見圖 1-2）。可發現性本身即需要資料治理，以便可隨時取用關於技術面的元資料、歷程追蹤資訊和業務面的詞彙表；此外，業務面的關鍵資料需要保持正確和完整。最後，熟悉資料管理方法以確保資料能被精細分類並得到適當保護，防止資料遭到無意或惡意的更改與洩漏。在安全性、合規性方面，敏感資料如個人識別資訊的管理，針對資料安全以及資料洩露的預防措施都很重要，具體取決於業務領域和相關的資料集。如果可發現性和安全性已經到位，就可以開始將資料本身視為一種產品。在這一點上，當責性因此至關重要，並且有必要設定資料範圍邊界，以界定資料所有權，和提供符合當責性的經營方式。

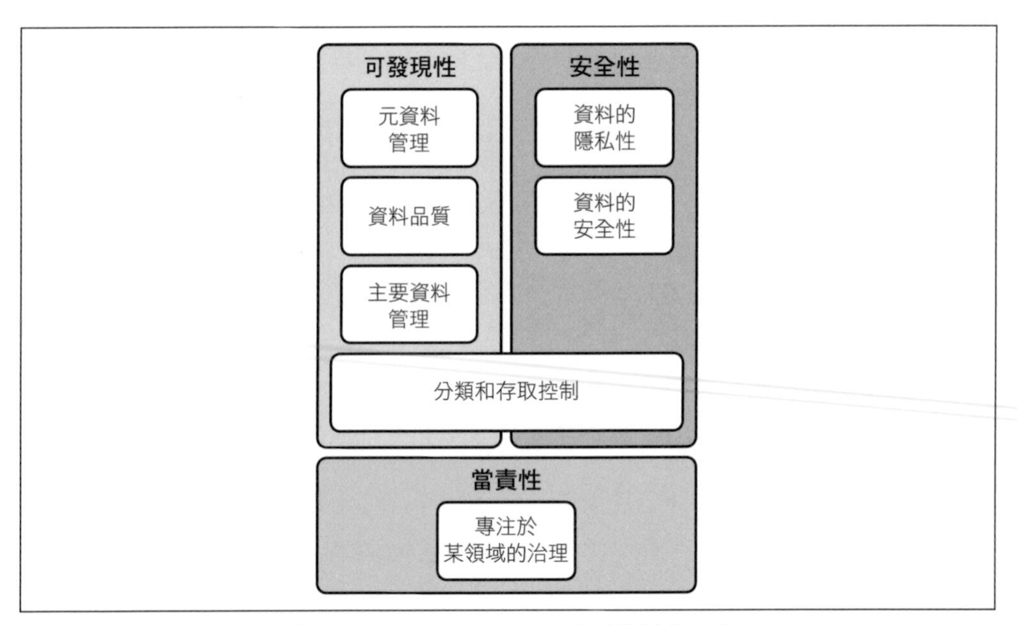

圖 1-2　資料治理必須解決的 3 個關鍵方面，以增強對資料的信任

分類和存取控制

雖然資料治理的目的是提高企業資料的可信賴度以獲取商業利益，但與資料治理相關的主要活動，仍然會涉及如何分類和相關的存取控制。因此，要了解資料治理中涉及的每一個角色，考慮典型的分類方法和存取控制設定會很有幫助。

以保護員工人事資訊為例，如圖 1-3 所示。

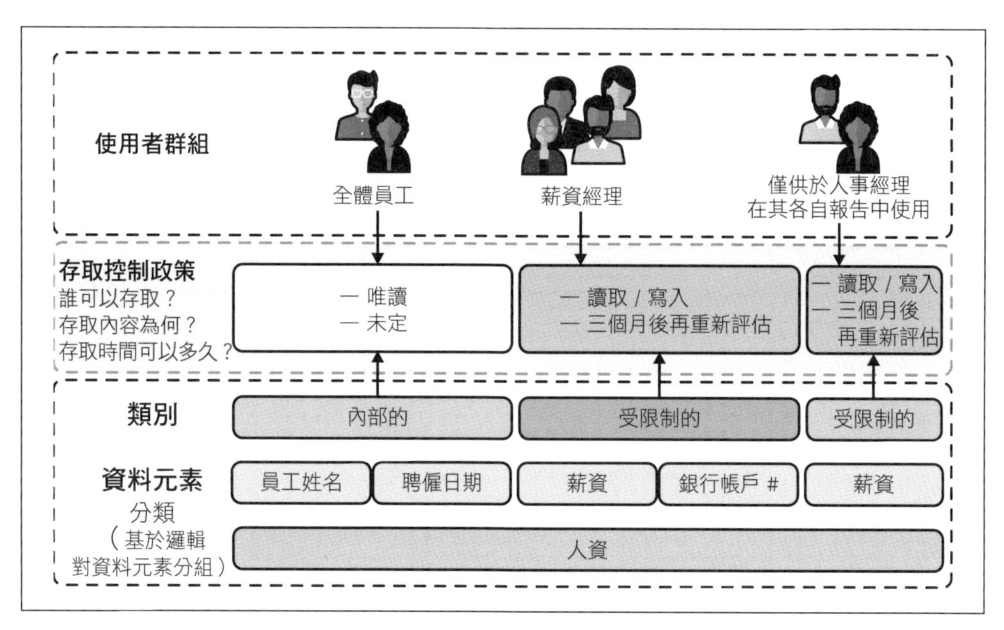

圖 1-3　保護員工的人事資訊

人事資訊包含幾項資料元素：員工的姓名、聘僱日期、過往薪資、現在薪資和受薪帳戶等。這些資料元素中的每一個欄位都以不同方式受到保護，具體取決於分類等級。而資料預設的分類等級可能是公開的，意指與企業無關的人都可以存取的內容；外部的，意指公司的合作夥伴和供應商，並且有權限可以存取公司內部系統中可存取的內容；內部的，公司組織內的任何員工都可以存取的內容；和受到限制的，例如，只有薪資處理團隊的經理可以存取每個員工的薪資，以及存入銀行帳戶的資訊。另一方面，受限程度也可能相對靈活，例如，員工當前的薪水可能只有他們的直屬上司可以看見，而每個管理階層也可能只能看到他們各自負責的團隊薪水資訊。存取控制策略將指定使用者在存取資料時可以做的事，如是否可以創建新紀錄，或者讀取、更新與刪除現有紀錄。

治理策略通常由負責該資料的部門指定，稱為管理者，如此處的人力資源部門。策略本身可能由操作資料庫系統或應用程式的團隊實作，此處為 IT 部門，因此將使用者添加到允許存取資料的群組等設定更改，通常就由 IT 團隊執行，故該 IT 團隊的成員常稱為*審核者*或是*資料管家*。而*使用者*則是指其行為受資料治理政策所允許或限制的人。在並非所有員工都可以讀取企業資料的公司中，有權讀取的員工可通稱為*知識工作者*，以和無法讀取資料的員工區分。

有的公司對於內部資料的立場採*開放*態度，比如業務資料，公司內所有知識工作者都是獲得存取授權的使用者；也有一些公司對於內部資料的立場採*關閉*態度，比如業務資料只能授權給對那些需要知道的人使用。此外，通常是由組織中的資料治理委員會來決定這類政策，至於哪種方法比較好，則沒有唯一正確的答案。

資料治理與資料賦能和資料安全

資料治理通常與資料賦能、資料安全混為一談。這些主題相互交叉，但其關注的重點各有不同：

- 資料治理主要著重於建立資料索引，以正確存取資料，方便相關人員搜尋，通常指的就是整個組織的知識工作者。這是資料治理的關鍵部分，需要「元資料索引」、用以選購所需資料的「資料目錄」等諸如此類的工具來協助。除此之外，資料治理還進一步將資料賦能擴展至資料採集階段的*工作流*。使用者可以藉由情境和描述來搜尋資料，找到相關資料的存儲位置，並附上想要的使用方式作為理由以請求存取權限。審核者（資料管家）將為之審查，確保該請求是否合理，以及所請求的資料是否可以實際應用於所提出的使用案例，如果一切條件都滿足，審核者就會啟動工作流程以允許存取資料。
- 資料賦能不僅僅是讓資料具備可存取性和可發現性，它還將資料治理擴展為允許快速分析和處理資料以回答與業務相關問題的工具：「業務在這個目標上花了多少時間和費用？」、「我們能夠優化這個供應鏈嗎？」等等的問題。該主題至關重要，需要了解如何使用資料以及*資料的實際含義*，最好的解決方法是從一開始的資料蒐集階段，就須包括描述資料的元資料，包括其價值主張、資料來源、資料歷程和對應的聯繫人知曉誰擁有、管理此資料，以便進一步查詢。

- 至於資料安全，通常可認為是一套用於防止和阻止未經授權存取的機制，因此，它與資料賦能、資料治理等方面都互有交集。資料治理依賴於到位的資料安全機制，但不僅僅只是防止未經授權的存取，還涉及有關資料本身的策略、根據資料類別以進行的轉換（參見第七章），以及證明隨著時間的推移，遵守存取和轉換資料政策的能力。總結來說，正確實施資料安全機制可以促進資料的可信賴性，使資料共享更加地廣泛或「民主化地存取」資料。

為什麼資料治理越來越重要？

自從需要治理資料以來，資料治理就一直存在，儘管它通常僅限於受監管行業的 IT 部門，以及圍繞著特定的資料集如身分驗證憑證的安全問題。即便如此，就算是舊有的資料處理系統也需要一種方法，不僅可以確保資料品質，還可以控制對資料的存取。

傳統上，資料治理向來視為一個單獨的 IT 功能，並在與資料來源類型相關的資料孤島中執行。例如，一家公司的人力資源資料和財務資料，通常是高度受控的資料，會具有嚴格控制的存取權限和特定的使用指南，而控制它們的是一個 IT 孤島；而銷售資料則位於另一個限制程度較少的孤島中。某些組織可能以「整體」的角度或「集中」的方式，來執行資料治理，但大多數公司將資料治理視為各個部門所關注的問題。

由於最近引入了 GDPR[5] 和 CCPA 類型[6] 法規，使得資料治理成為一門顯學，影響到每個行業，不僅僅是醫療保健、金融和其他一些受監管的行業。越來越多人意識到資料的商業價值。正因為如此，現今大家看待資料治理的方式與以往相比已經大不相同。

以下只是談論資料領域的樣貌隨著時間變化的幾種面向，並且，基於這些變化，我們會將進一步討論對應的資料治理作法。

5 *https://gdpr.eu/what-is-gdpr*

6 *https://oag.ca.gov/privacy/ccpa*

資料量正在增長

現在可以蒐集的資料種類和數量幾乎沒有限制。國際資料公司（International Data Corporation）[7] 於 2018 年 11 月發布的白皮書中，預測到 2025 年時，全球的資料領域總和將激增至 175 ZB（見圖 1-4）[8]。

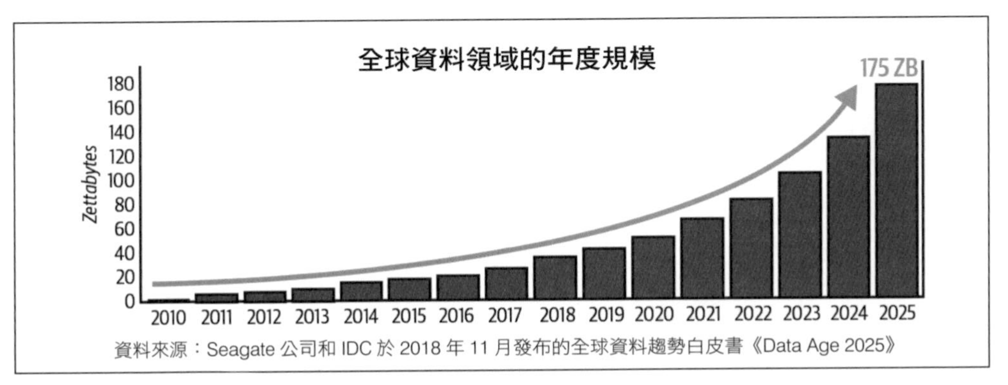

圖 1-4　全球資料領域總量規模預計將呈現急劇增長

隨著使用各式各樣新穎的技術以捕捉到更多的使用者資料，再加上預測分析，以致系統對當今使用者的了解幾乎超過使用者本身的自我認識。

處理和查看資料的人數呈現指數級增長

Indeed 人力資源網站的一份報告顯示，2015 年至 2018 年之間，市場對資料科學工作的需求驟增 78%[9]。國際資料公司（IDC）的報告也提及到目前為止，世界上有超過 50 億人正在與資料互動中，並預計 2025 年時，這個數字會增加至 60 億，占世界人口近 75%。有鑑於此，許多公司都迫切希望能夠做出「資料驅動的決策」，但這需要大量員工：從設置資料渠道的工程師，到負責資料管理和分析的分析師，再到查看儀表板和報告的業務利益相關者。當參與這份工作和查看資

7　*https://www.idc.com/about*

8　David Reinsel、John Gantz 和 John Rydning，（暫譯）《數位化的世界：從邊緣到核心》（The Digitization of the World: From Edge to Core），2018 年 11 月（*https://oreil.ly/2L1TW*）。

9　〈2019 美國最佳年度工作排名〉（The Best Jobs in the US: 2019），Indeed 人力資源網站，2019 年 3 月 19 日（*https://oreil.ly/UpU9N/*）。

料的人越多，就越需要複雜的系統來管理資料存取、處理和使用，因為濫用資料的可能性也會隨之增加。

資料蒐集方法有進步

當公司需要分析資料時，不再僅限於使用批次處理和線下處理方式，現在，公司可以利用即時或近乎即時的串流資料和分析，來為客戶提供更好、更個性化的服務與互動。客戶現在希望無論身在何處，都能透過任何連接，在任何設備上存取產品和服務。國際資料公司（IDC）預測，到 2025 年，注入業務工作流程和個人生活流程的資料，將導致全球近 30% 的資料領域成為即時資料，如圖 1-5 所示[10]。

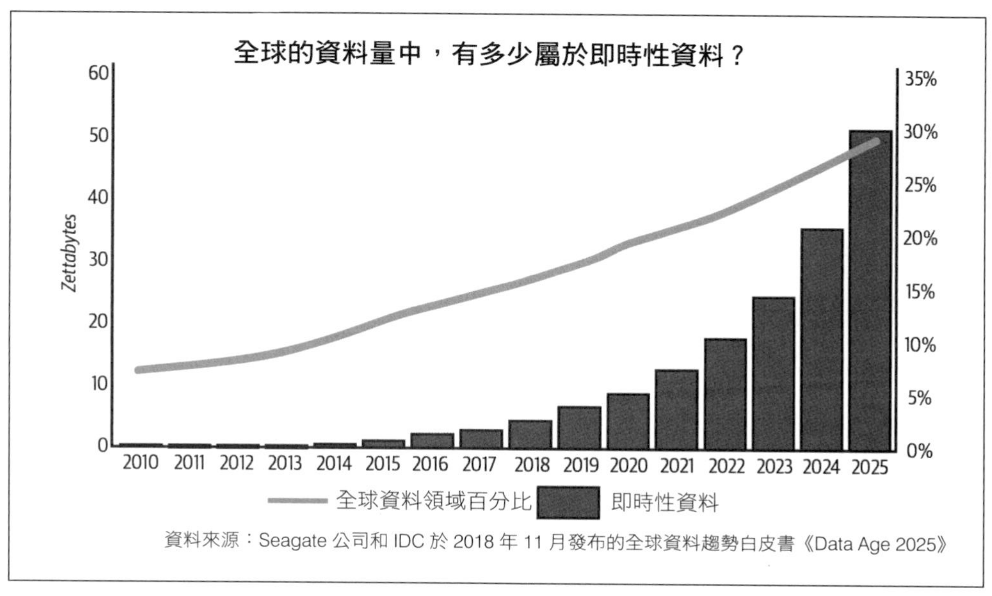

圖 1-5 到 2025 年，全球資料領域將有超過 25% 的資料是即時資料

串流技術的出現在大大提高分析速度的同時，也帶來了潛在的滲透風險，需要以複雜的設置和監控方式保護資料。

10 Reinsel 等人，（暫譯）《數位化的世界》（The Digitization of the World）。

運動賽事中的先進資料蒐集

過去，當您討論賽事統計時，您說的是相對上較為粗略的資料，比如輸贏。在某些運動中，您可能掌握球員表現的資訊，例如板球運動員每局的平均得分。然而，現在體育運動蒐集的資料，不論數量和類型都有巨大變化，因為相關團隊希望更佳了解他們可以利用的籌碼有哪些，以便在這項競爭激烈的領域中取得戰績。

因此，美國美式足球聯盟（NFL）希望更有效量化比賽中的表現也就不足為奇了，這就是它在 2015 年開始對全聯盟球隊量化分析的原因。如果您不熟悉美式足球的話，只需要記得這是一項複雜的運動，主要由美國美式足球聯盟（NFL）管理，這個美式足球的職業聯盟由 32 支球隊組成，平均分為國家橄欖球聯會（NFC）和美國美式足球聯會（AFC）。

「每次持球前進碼數」或「總衝碼數」等傳統指標可能有些缺點；當美國美式足球聯盟（NFL）了解需要進一步發展其分析和資料蒐集過程之後，便創建了次世代統計方法（NGS），這是一項聯賽專案，每個球員和裁判穿的內部襯墊，以及比賽用球、橘色方柱和衡量第一檔進攻所使用的鏈條，都貼有無線射頻識別（RFID）晶片，這個技術會讓賽事人員在每場比賽結束後得到一組非常可靠的資料統計。而正是這些統計資料構成每場比賽中每位球員在場上任一角落，包括位置、速率、速度和加速度的即時資料（見圖 1-6）。

NFL Big Data Bowl - Plotting Player Position

Python notebook using data from **multiple data sources** · 16,625 views · 2mo ago

^ 296

畫出球場

這是我為去年 NFL 挑戰賽所開發的程式碼，這個筆記本可以畫出比賽中球員的位置。

我們可以使用 matplotlib 函式庫中的 create_football_field 函式以畫出球場。接著從訓練資料集中載入任意資料，讓球員在場上的位置以視覺化方式呈現。

該設計大致以 1991 年的電玩遊戲「Techo Super Bowl」為藍本。這是一個我小時候常常在隔壁鄰居家地下室玩的遊戲，因為當時我家沒有這台電玩主機，所以我們只能在他家玩。

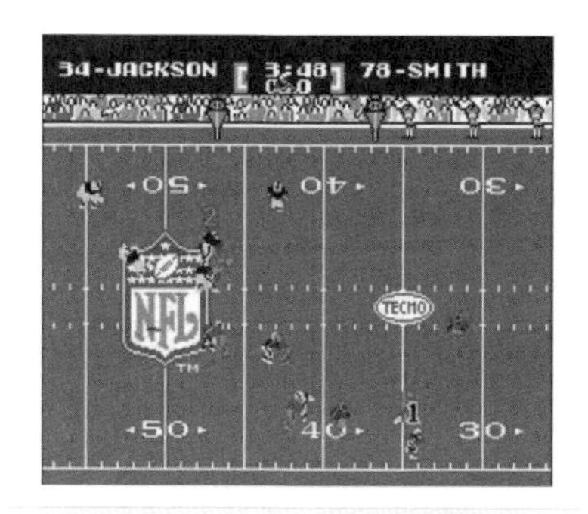

In [1]:

```
import pandas as pd
import numpy as np
import os
import seaborn as sns

import matplotlib.pyplot as plt
import matplotlib.patches as patches
pd.set_option('max_columns', 100)

train = pd.read_csv('../input/nfl-big-data-bowl-2020/train.csv', low_memory=False)
train2021 = pd.read_csv('../input/nfl-big-data-bowl-2021/plays.csv')
```

圖 1-6　Kaggle 賽事中 NFL 資料的分析和視覺化範例。Rob Mulla 的筆記[11]

NFL 希望得到答案的問題類型包括，「是什麼原因讓比賽中的進攻成功？」它想知道之所以成功，是取決於持球者的空手時間，還是取決於隊友的阻擋，或是教練的戰術？甚至，資料可以顯示防守方扮演的角色及其採取的行

11 *https://oreil.ly/E_XRx*

動嗎？NFL 還希望預測一支球隊在給定進攻次數中可以前進多少碼。對進攻的深入洞察最終有助於球隊、媒體和球迷更能理解球員的技能組合和教練的策略。

正因為如此，聯盟每年都會舉辦 NFL 的巨量資料獎杯賽，這是一項體育賽事分析競賽，旨在挑戰資料分析界從大學生到專業人士的才華橫溢成員，他們為 NFL 使用進階資料分析方面的持續發展做出貢獻[12]。參賽者需分析和重新思考趨勢及球員表現，讓美式足球的比賽和訓練方式得到創新。

以上這個 NFL 範例展示了資料蒐集方法的進步程度。毫不意外地，這才是真正加速全球資料領域生成更多資料量的原因。

世界正在蒐集更多種類的資料（包括相較敏感的資料）

預計到 2025 年，每人每天藉著與數位服務的互動，將會進而創建超過 4,900 次資料；大約每 18 秒就會有一次數位資料創建（見圖 1-7）[13]。

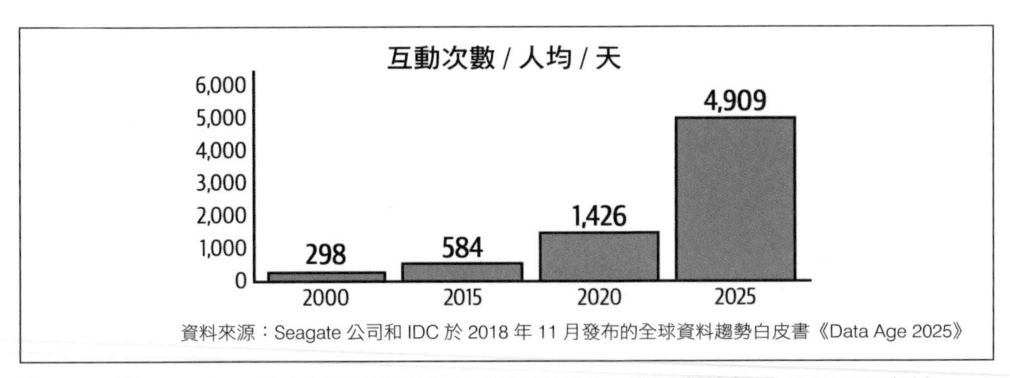

圖 1-7　到 2025 年，每人每天藉著與數位服務的互動，進而創建超過 4,900 次資料

其中許多互動將產生和蒐集大量敏感資料，例如個人身分證號碼、信用卡號碼、姓名、地址和健康狀況等。這些極其敏感類型的資料蒐集激增，對如何使用和處理這些資料，以及誰可以查看，都會引起該服務使用者和監管機構的極大關注。

12　Kaggle：NFL 巨量資料獎杯賽（NFL Big Data Bowl，*https://oreil.ly/o7lCI*）。

13　Reinsel 等人，（暫譯）《數位化的世界》（The Digitization of the World）。

資料的使用案例已經擴展

公司創建資料驅動的決策制定，以努力使用資料來做出更好的業務決策。他們不僅在內部使用資料來推動日常業務執行，而且還使用資料幫助客戶做出更好的決策。亞馬遜就是一個例子，這家電商公司，透過蒐集和分析客戶曾購買、查看過的商品、或放在虛擬購物車中的商品，以及購買後排名 / 評論過的商品，以推動有針對性的商品訊息通知和未來購買建議，來實現這一目標。

雖然這個亞馬遜案例具有完美的商業意義，但有些（敏感）資料類型以及該資料的特定用法並不恰當，甚至是不合法的。對於敏感類型的資料，重要的不僅是處理方式，還有使用方式。例如，員工人事資料可能由公司人力資源部門在內部查看及使用，但不適合交由行銷部門做一樣的事。

使用資料以做出更佳決策

許多人都喜歡參考朋友和家人對書籍、電影及音樂等所提出的建議。當您上網搜尋時，是否想過為何會跳出這些建議？在這裡，我們想強調幾個例子，說明資料使用如何帶來更適合的決策與業務成果。

以 Safari 線上書店（Safari Books Online）[14] 為例，它展示使用現代化分析工具來提高銷量的方式。Safari 線上書店以龐大而多樣化的客戶群，以及可從各種平台連結到的 30,000 多本書籍和影片聞名。Safari 線上書店希望從其海量的使用資料、用戶搜尋結果和趨勢中釋放價值，並連接所有這些資料，以進一步推動行銷情報和更高的銷售額。

要達成的關鍵成效是近乎即時的產生分析結果，畢竟，誰都不喜歡等待 10 分鐘才能獲得線上搜尋結果。為了提供即時的洞見，Safari 線上書店團隊例行地將內容分發網絡（CDN）對應的使用資料，傳輸到雲原生資料倉儲，使其在原始資料來源之外亦可以使用資料（見圖 1-8）。

14 *https://oreil.ly/MKnxp*。譯者註：以提供最新、最即時的 IT 及商管領域電子書著稱的線上書店。

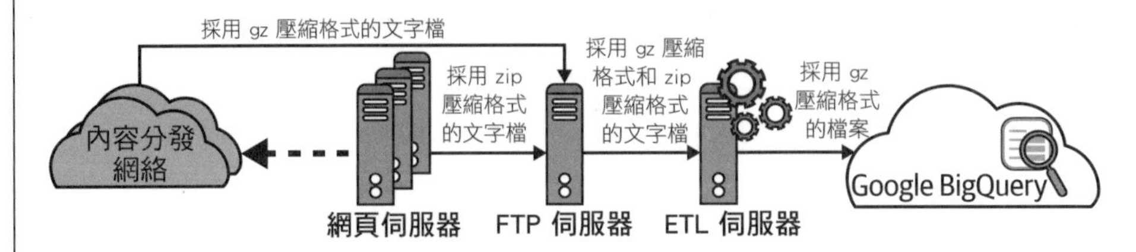

圖 1-8　將來自內容分發網絡（CDN）和 Web 應用程式日誌的使用資料，導入智慧資料分析平台，以實現更優良的資料驅動決策

Safari 線上書店團隊希望深入研究資料、提供各種資料儀表板、更好的使用者體驗和更快的即時查詢。使用新的分析方法可以更快、更簡單地為使用者提供支援，並獲得更高的客戶滿意度。這是因為該團隊可以近乎即時地獲取有關使用者的相關資訊，例如他們的 IP 地址或正在查詢的書名。

當 Safari 線上書店開始其資料驅動決策制定之旅時，獲得更好的行銷情報是最重要的使用案例之一。它擁有的所有資料曾經被埋沒，或者甚至無法從其系統日誌檔中獲得，但現在這些都成了行銷線索。評估哪些讀者可能有興趣並將此整合至 CRM 系統中，並迅速地轉化為可操作的資訊（見圖 1-9）。

圖 1-9　用於監測書籍和趨勢的儀表板

另一個很好的例子來自於提供家居用品銷售的網站：*California Design Den*[15]，它利用定價和庫存管理資料改變了決策過程。憑藉著智慧分析平台，他們能夠更快地做出定價決策、出售庫存並獲得更好的盈利能力。

因為並非所有資料都能對決策有所貢獻，所以聚合不同類型的資料，同時平衡保留和刪除哪些資料以制定決策的能力是關鍵。當您嘗試建立資料驅動決策的過程時，防止偏見也同樣重要。您需要先定義目標，也許一開始是易於衡量的目標，再創建一個您想要推導出答案的高價值問題列表。且可以返回並重新審視您的起點、目標和指標。答案或許可以在您的資料中找到，但是從不同的角度來看，能更加確定哪些資料是相關的。

在您從資料中獲得洞察力時，世界將會是您可以自由揮灑的舞台。在資料驅動的決策制定方面，提出高價值問題以獲得更深入的見解，是價值鏈的重要組成部分。無論您是想推動智慧行銷並增加收入、改善支援和客戶體驗，還是檢測惡意使用資料以防止營運問題，資料驅動的決策制定對於任何企業和營運模式都至關重要，而現在已有各種智慧工具可以幫助您開始利用寶貴的資料。

關於新法規和圍繞著資料處理的法律

資料量和資料可用性的增加，導致對資料蒐集、資料存取和資料使用的監管期望與需求也隨之增加。既有法規已經存在很長一段時間，例如，1996 年的〈健康保險流通與問責法案〉（the Health Insurance Portability and Accountability Act of 1996, HIPAA），保護個人健康資料的蒐集和使用，不僅普遍地為人所知，而且相關公司在過去幾十年以來一直遵守，意味著他們處理這些敏感資料的流程和方法相當複雜。至於新法規，如歐盟的〈通用資料保護規則〉（General Data Protection Regulation, GDPR），和美國的〈加州消費者隱私保護法〉（California Consumer Privacy Act, CCPA），是適用於無數公司對於資料使用和蒐集控制的兩個例子，許多公司對資料進行此類治理時，沒有納入他們最初的資料架構策略。正因為如此，之前不必擔心法規遵從性的公司，未來在修改其技術和業務流程以保持遵從這些新法規會顯得更加困難。

15 *https://oreil.ly/3UIse*

圍繞著資料使用的道德倫理問題

雖然使用案例本身可以針對資料使用範圍納入道德遵守，但由機器學習和人工智慧所展開的新技術，也引發了以道德方式使用資料的新擔憂。

最著名的例子就是 2018 年，一名叫伊萊恩（Elaine Herzberg）的用路人，在美國亞利桑那州的坦佩（Tempe）市騎自行車穿過街道時，被一輛自動駕駛的汽車撞死[16]。這件事引發了責任問題：誰該對伊萊恩的死負責？是駕駛座上的人？還是汽車公司的測試人員？或是人工智慧系統的設計者？

雖然並不總是如此致命，但也請考慮以下其他負面範例：

- 2014 年，亞馬遜開發一種招聘工具，用於找出公司可能會想要聘用的軟體工程師；結果證實這項工具歧視女性。亞馬遜最終不得不在 2017 年放棄該工具。
- 2016 年，非盈利性機構 ProPublica[17] 分析一個商業開發系統，該系統旨在藉由預測罪犯再次犯罪的可能性，來幫助法官做出更適合的量刑決定，結果發現該系統對黑人存在偏見[18]。

諸如此類的事件對公司來說都是巨大的公關噩夢。

因此，監管機構發布有關資料使用的道德指南。例如，歐盟監管機構發布一組 7 項要求[19]，滿足這些要求的人工智慧系統才值得信賴：

- 人工智慧系統應該受到人類的監督。
- 而且為防止出現問題，需要有一個備援計畫，也需要準確、可靠和可重現。
- 必須確保充分尊重隱私和資料保護。
- 資料、系統和 AI 業務模型應該透明並提供可追溯性。

---

16 Aarian Marshall 和 Alex Davies，〈報告稱 Uber 的自駕車看到它殺死的女人〉（Uber's Self-Driving Car Saw the Woman It Killed, Report Says），《Wired》，2018 年 5 月 24 日（*https://oreil.ly/c9WqC*）。

17 譯者註：ProPublica是一間以公眾利益為出發點而調查報導的獨立非盈利性新聞社。

18 Jonathan Shaw，〈人工智慧與倫理〉（Artificial Intelligence and Ethics），《Harvard Magazine》，2019 年 1 月至 2 月，44-49，74（*https://oreil.ly/oglKc*）。

19 *https://oreil.ly/AEaj7*

- 人工智慧系統必須避免不公平的偏見。
- 必須造福全人類。
- 必須確保所承擔的責任和當責性。

然而，在更多資料和可靠分析的推動下，資料驅動決策的驅動力要求對超出這些監管要求的資料，和使用資料的道德觀，有其必要的考慮和關注。

行動中的資料治理案例

本節將仔細研究幾家企業，以及它們如何從治理工作中獲益。這些範例表明資料治理正用於管理可存取性和安全性，它藉由直接處理資料品質來解決信任問題，並且透過治理結構讓這些努力獲得成功。

管理可發現性、安全性和當責性

2019 年 7 月，消費者金融業務和小型企業信用卡發行的大型銀行之一：第一資本（Capital One），發現外部人員能夠利用其 Apache Web 伺服器中的 Web 應用程式防火牆配置錯誤弱點，藉此獲得臨時憑證，以存取包含第一資本客戶個人資訊的檔案[20]。由此導致的資訊洩露影響超過 1 億名申請過第一資本信用卡的人。

這起洩漏事件因兩方面而限制了影響範圍。首先，洩露的是發送到第一資本的應用程式資料，因此，雖然該資訊包括姓名、身分證字號、銀行帳號和地址，但不包括登錄系統憑證，攻擊者無法竊取金錢。其次，聯邦調查局很快就抓到攻擊者，之所以能如此，就是我們將這段軼事收錄在本書中的原因。

由於有問題的檔案存儲在公有雲存儲桶中，其中記錄了對檔案的每次訪問，因此事後調查人員可以獲得訪問日誌，他們能夠找出 IP 路由並將攻擊源縮小到幾間房子的範圍。雖然任何地方都可能發生造成安全漏洞的資訊系統錯誤配置，但從本地端系統內竊取管理員憑證的攻擊者，通常會透過修改系統訪問日誌來掩蓋他們的蹤跡。但是，公有雲上的訪問日誌不可修改，因為攻擊者無權訪問它們。

---

20 〈第一資本資安事件資訊〉（Information on the Capital One Cyber Incident），Capital One，2019 年 9 月 23 日更新（*https://oreil.ly/iNP_N*）。Brian Krebs，〈我們可以從第一資本遭駭事件學到的事〉（What We Can Learn from the Capital One Hack），Krebs on Security（部落格），2019 年 8 月 2 日（*https://oreil.ly/en24B*）。

這起意外事故帶給大家一些有用的教訓：

- 確保您的資料蒐集是有目的性的。此外，也要盡可能地限制所存儲的資料。幸運的是，信用卡應用程式的資料存儲並不包含由此產生的信用卡帳戶詳細資訊。
- 在您的資料倉儲中啟用組織級別的稽核日誌，只有這樣才能抓住罪魁禍首。
- 對所有開放的通訊埠進行定期安全稽核。如此一來，保護措施才會發出試圖通過安全保護的相關警報。
- 對檔案中的敏感資料欄位添加額外的安全保護。例如，應該要使用能夠識別 PII 資料的人工智慧服務，以遮蔽或替換身分證字號。

上述第 4 項最佳實踐是額外的保護措施。可以說，如果只蒐集和存儲絕對必要的資料，就不需要遮蔽敏感資訊欄位。但是，大多數組織對資料有多種用途，在某些使用案例中，可能需要明碼的身分證字號，而在其他使用案例則不然。為了有效地發揮多用途，有必要根據多個類別標記或標記每個屬性，以確保對其進行適當的控制和安全處理。這往往是公司內部許多組織之間的共同合作。值得注意的是，像這樣從系統中移除令人擔憂的資料，會替自身帶來挑戰和風險[21]。

隨著企業蒐集和保留的資料不斷地增長，確保充分理解和正確實施此類最佳實踐變得越來越重要。這種最佳實踐以及實施它們的政策和工具，都將會是資料治理的核心。

改善資料品質

資料治理不僅僅與安全漏洞相關。若是要使資料對組織有用，則資料必須值得信賴。所以資料的品質很重要，而且大部分資料治理都側重於確保下游應用程式可以信任資料的完整性。當資料不屬於您的組織並且四處移動時，這點尤其困難。

21 例如，參見 David Hand，（暫譯）《黑暗中的資料：為什麼您不知道的東西卻很重要》（Dark Data: Why What You Don't Know Matters）一書，普林斯頓大學出版社（*https://darkdata.website*）。

美國海岸巡防隊（USCG）可說是藉由資料治理活動以提高資料品質的絕佳例子。USCG 專注於海上搜救、海洋石油外洩清理、海上安全和執法，我們的同事 Dom Zippilli 是團隊的一員，該團隊貫徹官方船隻識別服務（Authoritative Vessel Identification Service, AVIS）背後的資料治理概念和技術，以下框內是他評論 AVIS 的原話。

美國海岸巡防隊如何改善資料品質

Dom Zippilli

圖 1-10 描繪了使用 AVIS 系統相比其他系統資料來查看船隻的樣子。可以看到，來自自動識別系統（AIS）的資料與 AVIS 中的資料非常相符。若再加上來自於處理船舶註冊資訊的 USCG 系統、國際海事組織（IMO）及其他引用資料源的混合體。AVIS 可以說是我們對船隻的所有已知訊息。

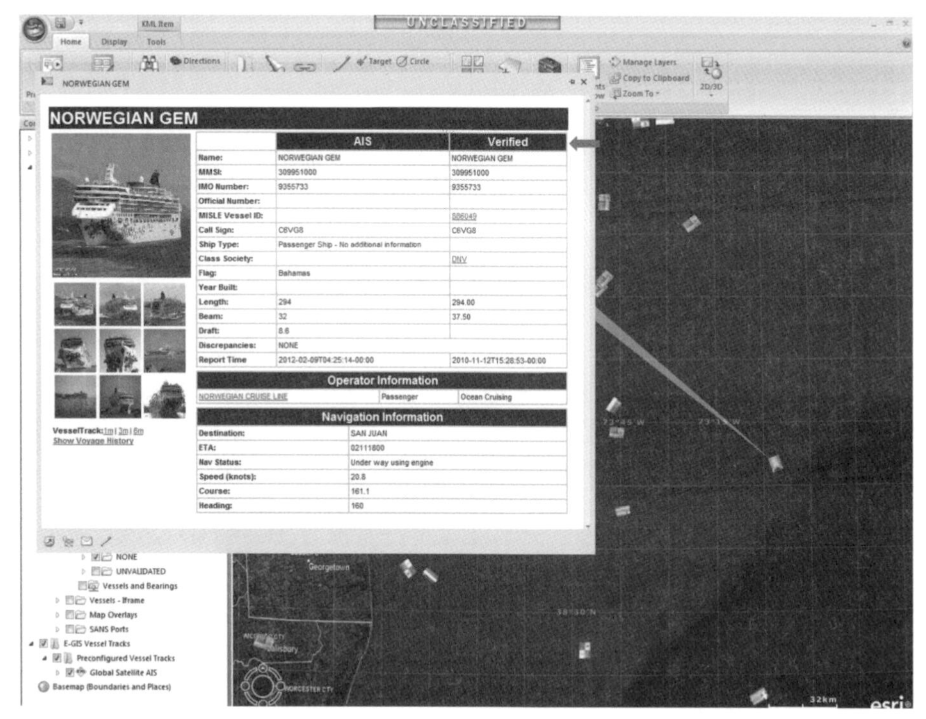

圖 1-10 使用 AVIS 看起來的樣子，圖由 NAVCEN 提供。

不幸的是，並非所有資料都符合這一點。圖 1-11 描繪另一個病態案例：沒有船舶圖像、名稱不相符、海上移動服務標識（MMSI）不相符、IMO 編號不相符、一切都不相符。

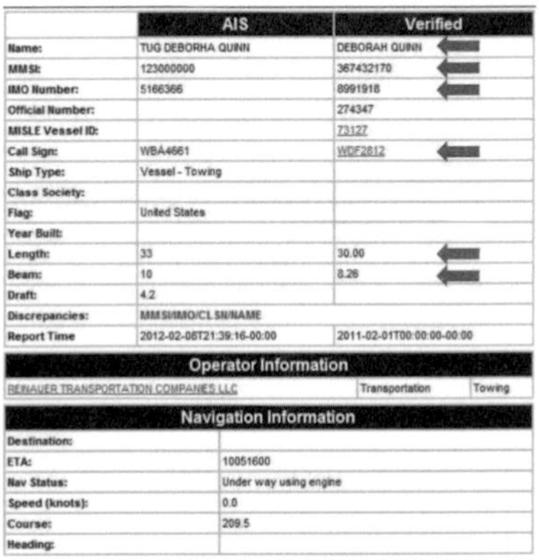

	AIS	Verified
Name:	TUG DEBORHA QUINN	DEBORAH QUINN
MMSI:	123000000	367432170
IMO Number:	5166366	8991918
Official Number:		274347
MISLE Vessel ID:		73127
Call Sign:	WBA4661	WDF2812
Ship Type:	Vessel - Towing	
Class Society:		
Flag:	United States	
Year Built:		
Length:	33	30.00
Beam:	10	8.26
Draft:	4.2	
Discrepancies:	MMSI/IMO/CLSN/NAME	
Report Time	2012-02-08T21:39:16-00:00	2011-02-01T00:00:00-00:00

Operator Information		
REINAUER TRANSPORTATION COMPANIES LLC	Transportation	Towing

Navigation Information	
Destination:	
ETA:	10051600
Nav Status:	Under way using engine
Speed (knots):	0.0
Course:	209.5
Heading:	

圖 1-11。一個病態案例，在 AIS 中所追蹤的船隻資訊內容，與其他來源的混合已知船隻資訊內容，有很多不一致。圖由 NAVCEN 提供。

即使已經在現場，但是這種資訊不相符使得美國海岸巡防隊更難了解哪艘船在哪，以及關於這些船隻的資訊。而那些突然在 AVIS 使用者介面中冒出來的船隻，是無法使用自動化工具解決的資訊，因此需要一些人工干預糾正。自動化很好（這是將近 10 年前的事），即使必須由人類從中接手以完成工作也算是向前邁出的一大步。在過往的所有案例，這些資訊問題幾乎都源自於無意中造成的錯誤，但要讓事情重回正軌，需要確認真正的原因並與海事社群聯繫更正。

此類更正行為的商業價值歸結為海域意識（MDA），這是 USCG 使命的關鍵部分。當您的資料品質很差時，很難獲得領域意識。以下一些質化研究範例是說明 AVIS 可以提供的幫助。

例如，想像以下情境，有一艘船因某種違規行為需要接受調查，或因任何原因而遭攔截。如果該船隻在許多廣播中都具有相同的 MMSI 編號，對該船隻的追蹤就會如圖 1-12 所示。若是需要搜索和救援，這可能更加嚴重。在這種情況下，我們需要找到附近的船隻，它們可以比 USCG 的船隻更快地提供援助（相互合作是海上生活的宗旨）。

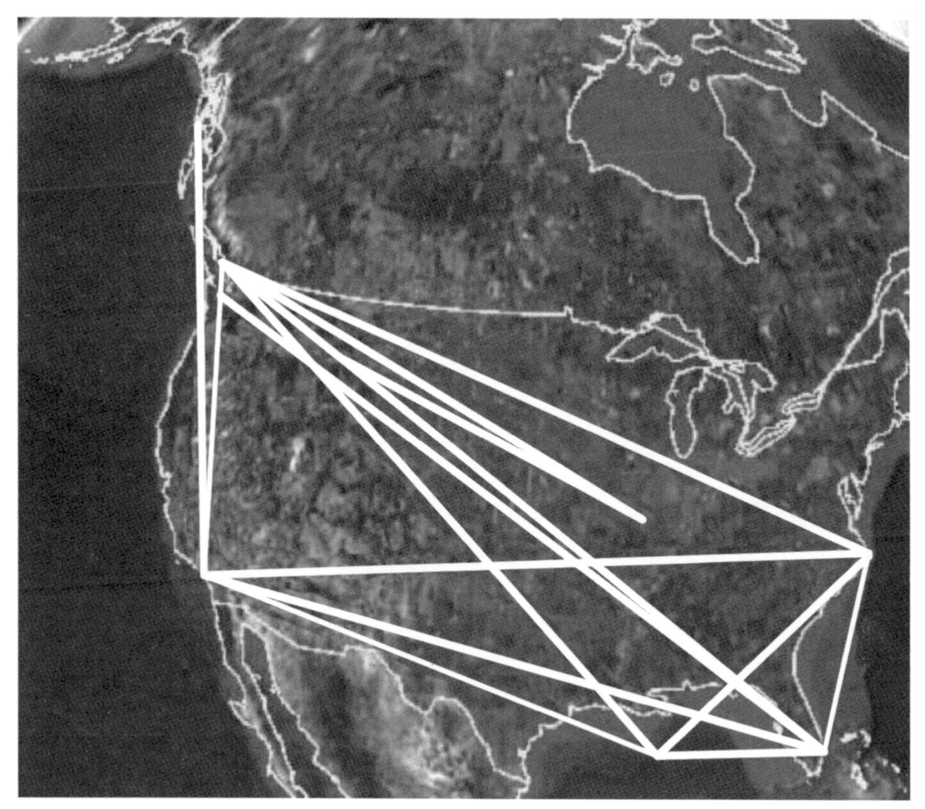

圖 1-12　重複車輛辨識號碼產生的影響。圖由 NAVCEN 提供。

如圖 1-13 所示，隨著時間的推移，在試行專案中，我們發現每天收到的不明船隻軌跡數量急劇減少。雖然目標始終是清零，但這本質上是社群的持續努力才能帶來成果，因此需要不斷維護。

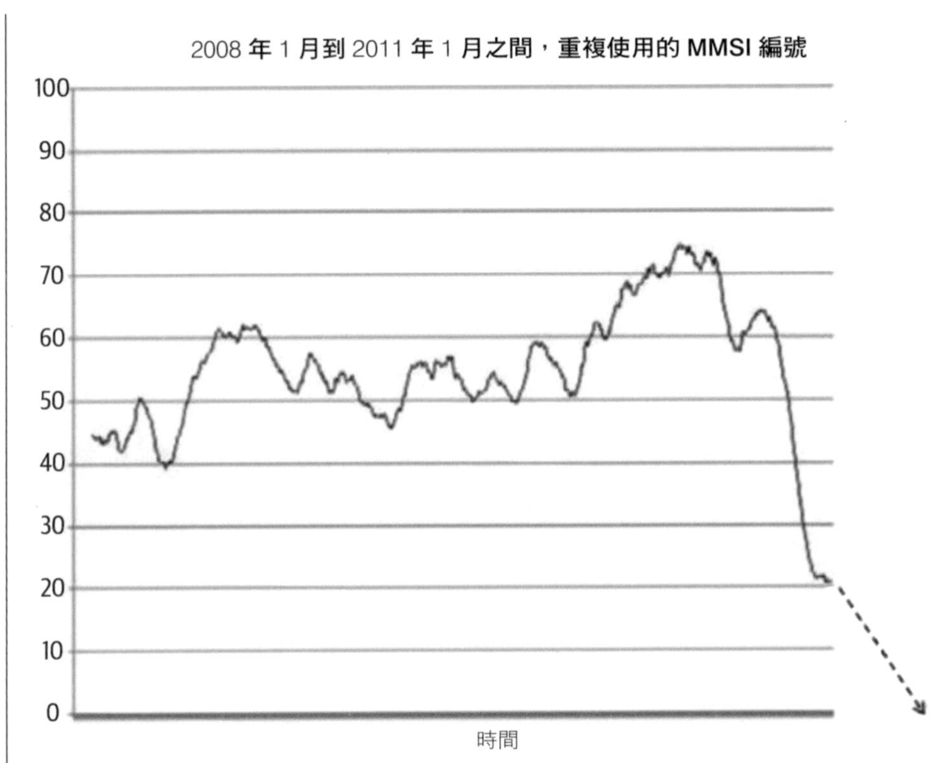

圖 1-13。由於試行專案糾正船隻辨識編號，進而提高資料品質。

這一份白皮書的重點是我最接近定量分析結果的一次工作經驗，儘管它沒有準確說明任務價值，因為讀者應該很清楚這一點。不幸的是，該白皮書已不再公開：

> 在專案過程中，AVIS 團隊能夠幾乎消除廣播中那些未註冊 MMSI 編號（例如 1、2、123456789 等）、身分不明且不相關的 AIS 船隻訊號。具體而言，截至 2011 年 9 月，866 艘船舶中的 863 艘船隻資訊得到修正，消除近 100% 的錯誤廣播[22]。

22 David Winkler，〈AIS 資料品質和官方船隻識別服務（AVIS）〉（AIS Data Quality and the Authoritative Vessel Identification Service(AVIS)），國立全球海上遇險和安全系統實作特別小組（National GMDSS Implementation Task Force）的 PPT，維吉尼亞州阿靈頓，2012 年 1 月 10 日）（*https://oreil.ly/HcGso*）。

863 艘船可能聽起來不多，但請記住，全球商用船隊大約有 50,000 艘。因此，僅就美國水域而言，這實際上已經占很大一部分的比例。而且如您所知，少數的不良資料即可使所有資料變得毫無用處。

USCG 專案的提醒再簡單不過，即資料品質需要努力爭取並不斷受到關注。資料越乾淨，就越有可能用於關鍵時刻，在 USCG 案例中，我們也從搜索和救援任務資料的可用性中看到了這一點。

資料治理的商業價值

資料治理不僅僅是一種控制實踐。當其獲得一致地實行時，能解決戰略目標的需求，讓知識工作者透過清晰的流程「購買資料」，以獲得他們所需的洞見。在不同業務部門中的多個孤立資料來源中提取見解，這在以前是不可能的任務；如今，藉由資料治理，它成為一件有可能完成的事情。

在把資料治理當作是戰略流程一環的組織中，知識工作者可以期待輕鬆找到完成任務所需的*所有*資料，並且安全地申請存取權限，並在具有明確時間表和透明批准流程的簡單流程下，獲得資料存取權限。接著，資料的審核者和管理者可以輕鬆地了解誰存取了哪些資料，又有哪些資料「超出」治理的控制區（以及如何處理其中的差異）。 除此之外，對於組織的資料，資訊長（CIO）可以期望能夠檢討其粗略的分析，以便全面審查可量化的指標，例如「資料量」或「資料不合規」，甚至進一步了解（並減輕）組織可能因為資料洩露所造成的風險。

促進創新

一個好的資料治理政策在啟動時會結合多個因素，使企業能夠從資料中提取更多價值。無論目標是改善營運、尋找額外收入來源，還是直接將資料貨幣化，資料治理政策都是企業中各種價值驅動因素的賦能者。

資料治理政策要運作良好，必須結合流程：使資料在治理下有可用性、人員：管理策略，並引導整個組織的資料存取，在需要時打破資料孤島；以及以應用機器學習技術對資料分類，並且對可發現資料編制索引以促進上述目的的工具。

理想情況下，資料治理將允許組織中的所有員工根據一組治理規則（定義可詳後），在受治理流程的約束下存取所有資料，同時保持組織的風險態勢，也就是在治理策略下使資料變得可存取，而沒有引入額外的暴露或風險。因此有人可能會爭辯說，使資料具備可存取性的唯一好處是，資料治理帶來的額外控制，使其可以維持甚至可能改善風險態勢。然而，讓所有知識工作者以受控方式存取資料，可以讓每個人依據組織內現有的資料快速地針對問題產出原型答案以促進創新。這可帶來更佳的決策制定、機會發現以及在整體上更具生產力的組織。

在組織中，可用資料的品質是確保資料治理得到良好實施的另一種方式；以一種易於理解的方式來編纂和繼承資料的「品質訊號」，是資料治理的一部分。這個訊號應該告訴潛在的資料用戶和分析師，該資料是否經過整理，是否已正規化或遺失，損壞的資料是否已移除，以及資料來源的潛在可信度如何。基於資料的潛在用途做出決策時，資料品質訊號至關重要，使用機器學習訓練資料集來訓練模型時即為一例。

資料治理與民主化資料分析之間的緊張關係

一般認為，完全的資料民主化很多時候會與資料治理相衝突。但是這種衝突也不一定是必然的。用最極端的方式解釋資料民主化，可能意味著無論資料屬於什麼類別，所有分析師或知識工作者都可以存取所有資料。如果要舉一個例子，可以說像員工的人事資料如薪水，或客戶的姓名、地址資料等，這樣過度自由的存取政策就會讓現代組織難以適應。顯然，只有特定的人才能存取上述類型的資料，而且他們只能在與特定工作相關的職責範圍內這樣做。

資料治理實際上是這裡的賦能者，它解決了這種緊張局勢。要記住的關鍵概念是資料有兩層：即資料本身例如薪水；和元資料，即描述該資料的資料，例如，「我有一個涵蓋薪水的資料表格，但我不能再透露其他事了。」

藉由資料治理，您可以完成 3 件事：

- 存取元資料目錄，其中包括所有受管理資料的索引，在某種程度上完全民主化；並允許您搜索特定資料的*存在*。一個好的資料目錄還包括一些限制搜索範圍的存取控制規則，例如可以搜索「銷售相關資料」，但「人事資料」不在權限範圍內的話，就無法存取任何關於人事資料的元資料。

- 管理對資料的存取，包括如上所述的獲取過程，和遵守最少存取原則的方法：一旦使用者請求存取，提供僅限於特定資源的存取邊界；也就是說，不要過度分享。
- 獨立於其他步驟，為資料的存取請求、資料存取的核准週期、審核者（資料管家）以及所有後續存取操作提供「審計軌跡」。這個軌跡本身就是資料，因此也必須遵守資料治理。

在某種程度上，資料治理成為您可以實現資料民主化的基礎建設，它讓更多的員工可以讀取更多資料，因此成為企業更容易、更快使用資料的加速器。

當談論到資料治理帶來的業務成果，例如對供應鏈所有部分的可見性、對每個線上資產客戶行為的理解、追蹤多管齊下活動的成功以及由此產生的客戶旅程，這一切都越來越有可能。在資料治理下，不同的業務部門能夠將資料集中在一起，對其分析以獲得更深入的洞察力，並對本地和全球變化做出快速反應。

管理風險（竊取、濫用、資料損壞）

CIO 和對資料負責的資料管家長期以來關注的主要問題一直是：*我的風險因素為何？緩解計畫為何？潛在損害為何？*這並沒有隨著巨量資料分析的出現而改變。

眾多 CIO 一直在利用這些問題，並根據這些問題的答案來分配資源。資料治理開始為人員提供一組工具、流程和職位來管理資料風險，以及其中提出的其他主題，例如使用資料的效率或從資料中獲取價值。這些風險包括：

資料竊取

在那些將資料作為產品或創造價值的關鍵因素組織中，資料竊取是一個問題。若是電子元件製造商的供應鏈中有關零件、供應商或價格的資料遭盜取，並由競爭對手取得，且使用這些資訊與供應商談判，或從供應鏈資訊中得出產品路線圖，則可能對企業造成嚴重打擊。甚至，若竊取的是客戶名單，對任何組織來說都會造成嚴重傷害。因此，針對組織認為的敏感資訊設置資料治理措施，可以培養共享其相關資料、整合彼此資訊等等的信心，有助於提高業務效率，並打破共享和重複使用資料的障礙。

資料濫用

資料濫用指的是在不知情的情況下，以不同於蒐集資料目的的方式來使用資料，有時是為了支持錯誤的結論。這通常是由於缺乏有關資料來源、資料品質，甚至資料含義的資訊所帶來的結果。有時也存在惡意地濫用資料的情況，也就是出於良性目的而同意蒐集的資訊，但用於其他意想不到、甚至是惡意的目的。一個例子是 AT&T 的客服中心員工向第三方披露消費者個人資訊，以獲取經濟利益，以致於 AT&T 在 2015 年向 FCC 支付賠償款項[23]。有鑑於此，資料治理可以在多個層面上防止資料濫用。首先，在共享資料之前建立信任，其次，另一種防止濫用的方法是聲明性的，聲明存儲位置中的資料來源、蒐集資料的方式以及資料的用途，最後，限制資料可存取的時間長度以防止可能的濫用。但這並不意味著對資料施加限制，並使其無法存取。請記住，資料存在的事實與其目的、描述達成一致性，才能實現資料民主化。

資料損壞

資料損壞是一種潛在的風險，因為它難以檢測和防範。當從損壞並因此不正確的資料得出營運業務結論時，就會產生風險。資料損壞通常發生在資料治理控制之外，可能是由於資料蒐集錯誤，結合「乾淨」資料與損壞資料而創建出新的資料損壞產品。或者，自動更正措施將部分資料替換成預設值，可能也會導致資料的錯誤解釋。資料治理可以在這裡介入並允許記錄，即使是在行優先的結構化資料，也可以記錄資料的歷程、處理過程、資料品質、其信心指數和上游資料源。

合規性

當一組法規適用於業務，特別是業務流程的資料時，資料治理通常就會派上用場。因為法規本質上是必須遵守的政策，以便在組織運營的業務環境中發揮作用。例如，歐洲的一般資料保護規則（GDPR）通常稱為圍繞著資料的範例法規，與其他法規不一樣的是，GDPR 要求將（歐洲公民的）個人資料與其他資料分開，並以不同方式處理該資料，尤其是可用於識別個人身分的資料。但我們無意在此深入探討 GDPR 的具體細節。

23 *https://oreil.ly/cC4OY*

法規通常會涉及以下細節：

- 具備細粒度的存取控制
- 資料保留和資料刪除
- 審計日誌
- 敏感資料類別

讓我們來逐一討論。

圍繞著具備細粒度存取控制的監管

存取控制已經是一個與安全相關的主題。**具備細粒度的存取控制**將以下注意事項添加到存取控制中：

提供存取權限時，是否提供正確的存取範圍？

這意味著針對所請求的資訊，請確保提供裝載資料的單位，如資料表、資料集等等是最小的範圍。在結構化存儲單元中，這通常是指單個資料表，而不是整個資料集或專案範圍的權限。

提供存取權限時，是否提供正確的存取權限級別？

有可能對資料設定不同等級的存取控制。一種常見的存取模式是能夠讀取資料或寫入資料，但還有其他級別：可以選擇允許貢獻者附加資料，但不能更改原有資料；或者編輯者可以修改或甚至刪除資料。此外，考慮到受保護的系統，其中某些資料在存取時會發生轉換。您可以編輯某些行，只公開最後 4 個數字，如代表身分證號的美國社會安全號碼；或者將 GPS 座標粗略化為城市和國家 / 地區。此外，在不暴露過多資料的情況下，共享資料的一種有用方法，是用對稱式加密，以此加密資料，這樣身分證字號等關鍵數字可保持唯一性，並在不暴露其他具體細節的情況下，可以計算出有多少不同的人在您的資料集中。

應該考慮此處提到的所有存取等級，諸如讀取 / 寫入 / 刪除 / 更新和編輯 / 遮蔽 / 以其他字詞替換等。

提供存取權限時，應保持開放多長時間？

請記住，請求存取資料通常是有原因的，例如必須完成特定專案等，並且授予的權限不應在沒有適當理由的情況下「持續維持開放」。有鑑於此，監管機構將會詢問「誰有權限存取什麼資料？」因此限制有權限存取某類資料的人員數量有其意義且有效益。

資料保留和資料刪除

大量法規都會涉及到資料的刪除和保存，應常態性要求將資料保存一段時間，且不少於該時間長度。例如，金融交易法規常要求所有商業交易資訊保存長達 7 年，以允許金融詐欺調查人員回溯調查。

相反地，可能也有組織希望限制保留某些資訊的時間，以在負擔不大的情況下，更能同時迅速得出結論。例如，擁有所有送貨卡車位置的最新資訊，才能有效快速做出關於「準時」取件和送貨的決策，但是理論上，您應該將這類資訊維持一段時間，因為它可以繪製出特定送貨司機在過去幾週內的移動路徑圖。

審計日誌

向監管機構提供審計日誌，能有效證實遵守政策。已刪除的資料無法顯示，但審計日誌可說是資料創建、操作、與誰共享、由誰存取和之後過期與刪除的軌跡。稽核員能夠藉此考核是否遵守政策。審計日誌也是一項有用的取證工具。

想讓資料治理有用，審計日誌需具有不可變和只供寫入的特質，不管是內部或外部都不可對其做出更改；並在最嚴格的資料保存策略之下，還能自行保存很長一段時間。

審計日誌的內容不僅需要包含相關資料和操作資料本身的資訊，還需要包含圍繞著資料管理設施的操作資訊。更改策略和資料架構，及權限管理和變更時都需要記錄下來，日誌資訊不僅要包含變更的主體，即裝載資料的容器或擁有權限的人；還要包含動作的發起者，如管理員或啟動此操作的應用服務程序。

敏感資料類別

通常，監管機構會決定哪些類別資料的處理方式應該與其他資料不同。這類法規的核心宗旨在於應受到保護的族群或某種活動。而且，監管機構會使用法律用語稱呼，例如關於歐盟居民的個人身分資料，或「金融交易紀錄」。至於敏感資料的區分與處置，將交由組織正確地識別它屬於實際處理資料的哪一個部分，以及衡量該資料應該以結構化或非結構化的方式儲存。之所以要在不同存儲方式中衡量，是因為對於結構化資料而言，有時候可以更容易將資料類別綁定到某組行數上並標記這些行，以便某些策略專門應用於這些行，包含資料存取和資料保留政策，例如都存在這些行內的 PII。這樣的做法才可支持具備細粒度存取控制的原則，以及遵守有關資料，而非資料存儲或操作該資料人員的規定。

組織考慮資料治理時的注意事項

當組織坐下來開始定義資料治理專案與其目標時，它應該考慮其運行的環境。具體來說，它應該考慮相關法規及其變化的頻率，雲部署對組織是否有意義，以及 IT 和資料分析師 / 資料擁有者需要哪些專業知識。

不斷變化的法規和合規需求

在過去幾年中，資料治理法規引起許多關注。隨著 GDPR 和 CCPA 加入 HIPAA 和 PCI[24] 相關法規的行列，受影響的組織也有所反應。

不斷變化的監管環境，意味著組織需要在治理方面保持警惕。沒有組織會想要因為不按照法規處理客戶資訊而遭起訴，因此躍上新聞版面。在客戶資訊非常寶貴的世界裡，公司需要謹慎處理客戶資料，不僅應該了解現有法規，還需要跟上任何不斷變化的法令或規定，以及可能影響其經營方式的任何新法規。此外，技術的變化也帶來了額外的挑戰。機器學習和人工智慧使組織能夠預測未來的結果和發生機率。在這個過程中，這些技術還創建了大量新資料集。有了這些新的預測值，公司應該如何看待資料治理？這些新資料集應該採用與原始資料集相同的政策和治理方式，還是有自己的一套治理政策？誰有權存取這些資料？又應該保留多久？這些都是需要思考和回答的問題。

資料累積與組織成長

隨著基礎設施的成本迅速下降，以及組織的自我增長和藉由收購額外擁有自己資料存儲的業務部門，要如何面對資料累積，以及如何正確應付快速累積的大量資料，就變得很重要。隨著資料累積，組織正在從更多來源蒐集更多資料，並將其用於更多目的。

---

24 譯者註：指「支付卡產業」（Payment Card Industry）。

巨量資料是一個您會經常聽到的術語，它指的是現在從連接的設備、感測器、社群網路、點擊流量等蒐集的大量資料，包含結構化資料和非結構化資料。在過去十年中，資料的數量、多樣性和即時性均迅速發生變化。管理甚至整合這些資料的所有努力卻進一步地造成了資料沼澤，也就是沒有明確管理而造成的不一致、雜亂無章資料集合；或更有甚者，造成資料孤島。有鑑於此，客戶決定整合系統應用程式和產品（SAP）以解決此亂象，於是他們決定某些部分整合在 Hive 的元資料存儲器上，另一些則整合在公有雲上等等。鑑於這些挑戰，了解您擁有哪些優勢並治理這些資料異常複雜，但這是組織需要承擔的任務。過去，組織認為構建資料湖泊就可以解決所有問題，但現在，這些資料湖泊正在變成資料沼澤，其中包含無法理解和管理的大量資料。IDC 預測，至 2025 年，超過 1/4 生成的資料其本質上是即時生成的，在這種環境下，組織如何確保他們為這種不斷變化的範例做好準備？

將資料轉移到雲上

傳統上，所有資料都駐留在組織所提供和維護的基礎設施中。這意味著該組織可以完全控制存取權限，並且沒有動態共享資源。隨著雲端計算，也就是這種情況下廉價但共享的基礎設施出現，組織需要考慮他們對在地基礎設施和雲端基礎設施的回應和投資。

許多大型企業仍然表示，他們沒有計畫在短期內將核心資料或治理資料遷移到雲端。儘管最大的雲服務公司已經投入資金和資源，以保護雲中的客戶資料，但大多數客戶仍然覺得有必要將這些資料保存在本地端。這是可以理解的，因為雲中資料洩露感覺會造成更嚴重的後果。基於對潛在的金錢和聲譽損害的擔憂，企業希望雲服務在保護雲端資料方面的治理策略更加透明。在這種壓力下，您會看到雲端服務公司設置更多防護措施。他們需要「展示」和「揭開」治理的實施方式，並提供控制措施，不僅要在客戶之間建立信任，還要將一些權力交到客戶手中。第七章將會繼續討論這些主題。

資料基礎設施專業知識

組織的另一個考慮因素是基礎架構環境的絕對複雜性。要如何看待混合雲和多雲世界中的治理？混合計算允許組織同時擁有本地和雲端的基礎架構，而多雲則允許組織使用多個雲服務供應商。當資料駐留在本地和其他雲上時，要如何在整個組織中實施治理？這使治理變得複雜，因此超出了用於實施它的工具。當組織開始考慮人員、流程和工具，並定義包含這些方面的框架時，跨本地和雲端的擴展治理就會變得更容易一些。

為什麼公有雲更容易實施資料治理？

資料治理涉及管理風險。以往的固有安全政策總是不允許存取資料，而現今，相關從業者需要隨時使用組織內可用的資料，以支持不同類型的決策和產品時，從而權衡於陳舊習慣與可能實現的敏捷性。法規遵從性通常規範了存取控制、資料歷程和資料保留策略的最低要求。正如前幾節所討論的，由於不斷變化的法規和組織規模自然地增長，要實施這些措施可能極具挑戰性。

公有雲具有多項特點，可使資料治理更易於實施、監控和更新。在許多情況下，這些特點在本地系統中不是無法使用，就是使用成本過高。

地點

對那些在全球各地存儲和使用資料的跨國組織而言，**資料在地化**與其息息相關。但是深入研究監管狀況的話，會發現情況並非如此簡單。例如出於商業原因，您會希望利用地理位置的中心點資料中心，例如美國，以靠近潛在客戶；但您的公司是一家德國公司，法規要求有關員工的資料須保留在德國領土內；因此，這讓您的資料治理政策變得更加複雜。

對監管要求來說，在主權邊界範圍內存儲用戶資料的需求日益普遍。2016 年，歐盟議會批准了 GDPR 內的資料主權措施，其中有關歐盟公民和居民的紀錄，其存儲和處理方式必須按照歐盟法律。除此之外，特定類別的資料，例如澳大利亞的健康紀錄、德國的電信元資料或印度的支付資料也可能受資料在地化法規的約束；這些在國家邊界內的資料處理和存儲要求，已經超越單純的維護主權措施。主要的公有雲供應商提供了合乎法規的產品功能，讓客戶可以根據這些法規以存儲資料。例如，其中一個方便的做法，就是簡單地將資料集標記在歐盟多區域中，它會因為多區域而具冗餘性，並同時因該資料永遠不離開歐盟而符合規定。在本地資料中心實施這樣的解決方案可能非常困難，因為在具有主權實體與自帶資料法規的地方，設置資料中心並展開業務的成本實在太高。

地點很重要的另一個原因，是因為安全的交易感知全球存取機制也很重要。當您的客戶出差或到達業務地點時，不管身在何處，他們都會要求您提供對資料和應用程式的存取權限，如果您的合規性作用範圍僅限於在區域資料孤島中託管應用程式和資料，這就會有點困難。有鑑於此，您需要能夠根據用戶而不僅僅是應用程式，無縫地使用各種合規性角色。但這要怎麼達成呢？在公有雲上運行您的應用程式，並經由私有光纖線路、端到端的實體網路安全和全球一致的時間（並非所有雲服務都這樣做）以存取所需資料，這樣的方式可以大大地簡化您的應用程式架構。

降低資料方面的相關管理

在受到嚴格監管的行業中，如果資料集有一個單一的「黃金」真實來源，就會有絕佳優勢，尤其是需要可審計性的資料。將企業資料倉儲（EDW）設置於公有雲，特別是可以分開計算與存儲，並從臨時叢集存取資料的架構中，這樣的作法能夠創建不同的資料市集，以服務不同使用案例。這些資料市集藉由動態創建的企業資料倉儲視圖以提供資料給使用者。無需維護副本，只要檢查視圖就足以確保資料正確性方面的可審計性。

反過來，這些資料市集因缺乏永久存儲而得以大幅簡化它們的管理。由於沒有存儲，遵守有關資料刪除的規則在資料市集級別中微不足道。所有這些規則只能在企業資料倉儲中執行。當然，有關正確使用和控制資料的其他規則仍需要強制執行。這就是為什麼我們認為這是降低資料方面的相關管理，而不是零治理。

臨時的計算

為了擁有單一資料源，並仍然能夠支援當前和未來的企業應用程式需求，我們需要確保資料不存儲在計算叢集中，或者是按比例縮放。如果業務很忙，或者如果我們要求互相支援的能力及偶爾過重的工作量，我們會需要能夠無限擴展的系統架構及與存儲單元分離的系統設計，且附帶可應付突發狀況的計算能力。但只有當資料處理和分析架構是無伺服器模式，或者明確地分離計算和存儲架構時，這才有可能。

針對資料處理和資料分析，為什麼會需要無伺服器計算呢？因為只有在應用一系列準備、清理和智慧工具後，才能實現資料效用。因此，為了實現無伺服器計算分析平台的優勢，所有這些工具都必須建立在計算和存儲的分離，以及自動擴展的架構。但僅僅擁有一個無伺服器計算的資料倉儲，或圍繞著無伺服器計算服務所構建的應用程式架構，並不足以支持無伺服器計算分析平台，您會需要整個資料工具框架本身就是無伺服器計算的架構，而這只能在雲端服務中實現。

無伺服器計算且功能強大

對許多企業來說，缺乏資料並不是問題，問題在是否可以使用大規模處理資料的工具。說到 Google 的企業使命，就是整合全世界的資訊，也就意味著 Google 需要發明處理資料的方法，包括保護和管理正在處理的資料方法。這些研發出的工具，許多已經使用於 Google 的生產環境中，並得到進一步強化，而且在 Google Cloud 服務上可以拿來當作無伺服器計算工具（見圖 1-14）。其他公有雲也可看見相同的設計思維，例如，Amazon Web Services（AWS）上的 Aurora 資料庫，和 Microsoft 的 Azure Cosmos DB 都是無伺服器計算的資料庫服務；AWS 上的 S3 服務和 Azure Cloud Storage 服務都相當於 Google Cloud Storage 服務；同樣地，AWS 上的 Lambda 服務和 Azure Functions 服務，都提供了執行無狀態、無伺服器計算的資料處理能力。還有 AWS 上的 Elastic Map Reduce（EMR）服務和 Azure 上的 HDInsight 服務，相當於 Google Cloud Dataproc 服務[25]。在撰寫本文時，具備狀態、無伺服器計算的運算服務，例如 Google Cloud 上的 Dataflow 服務在其他公有雲上尚不支援，但毫無疑問地，隨著時間過去，各家大廠也會推出類似功能。因為需要以高效的方式實施無伺服器計算工具，同時平衡數以千計的伺服器負載和流量高峰，以至於這些類型的功能在本地資料中心的實施成本都會過高。

25 *https://cloud.google.com/dataproc*

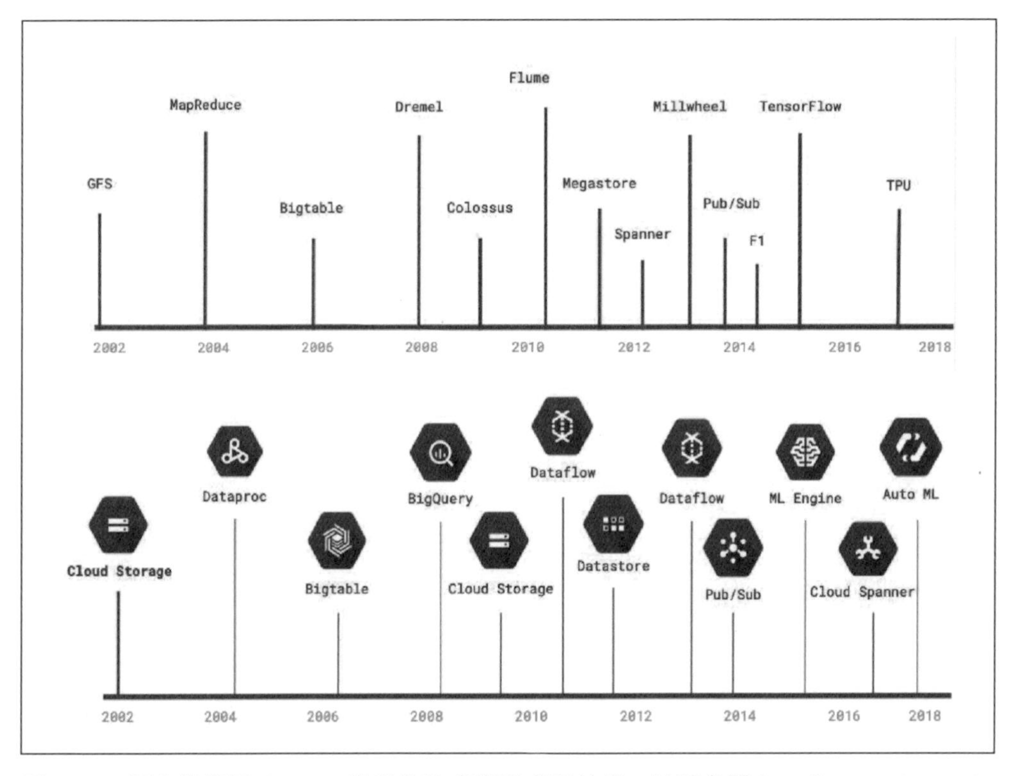

圖 1-14　圖上半部是 Google 發明的許多資料處理技術；另請參閱 *http://research.google.com/pubs/papers.html*[26]，這些技術作為託管服務存在於 Google Cloud 上，即圖下半部。

可添加標籤的資源

公有雲服務供應商提供具備細粒度控制的資源標籤和標記，以支持各種計費方式的考量。例如，擁有資料市集內資料的組織，可能不是執行計算的組織，並因此需要支付費用。這使得您能夠在這些平台的複雜標籤和標記功能上實施法規遵從性。

這些功能可能包括發現、標記和編類項目的能力，可詢問您的雲服務供應商是否提供這類支援。能夠標記資源相當重要，不僅是對身分和存取管理來說，並且是在屬性方面，例如資料表內的特定行欄位資料，在某些司法管轄區是否可視為個

26　*https://oreil.ly/4A7_U*

人識別資訊（PII）。然後就可以將一致的管理政策，應用到企業中任何一處的此類資訊。

混合世界中的安全性

最後一個關鍵是擁有易於應用的一致性政策。一致性的管理政策和查看安全性的單一儀表板，是將企業軟體基礎設施託管至雲端服務的主要優勢。然而，這種孤注一擲的方法對大多數企業來說不切實際。如果您的企業在「邊緣」運行設備（手持式裝置、攝影機、銷售據點的收銀機等），通常也需要部署一些軟體基礎設施。如同投票機，法規遵從性有時可能需要用物理方式掌控所使用的設備。您的舊系統可能還沒有準備好利用雲端服務提供的計算和存儲分離的優勢。在這些情況下，您會希望繼續在本地端維持運行服務。除此之外，若軟體基礎設施是位於公有雲和另一個地方，例如兩個公有雲，或公共雲和邊緣，或公共雲和本地端的基礎設施之中，則稱為*混合雲系統*。

若解決方案是藉由使用相同的工具來控制本地端和雲端的基礎建設，則可以大幅擴展您的雲端環境安全態勢和策略範圍。例如，如果您稽核了一個本地應用程式及其資料的使用，相比重新稽核另一個重寫的應用程式，批准在雲端服務中運行的相同應用程式應該來得更容易一些。獲得此功能的成本即是將您的應用程式容器化，而單就治理收益而言，這可能是值得付出的代價。

總結

在討論成功的資料治理政策時，您必須考慮的不僅僅是資料架構/資料流程結構，或執行「治理」任務的工具。治理工具背後的實際操作人員，以及實施的「人員流程」也非常重要，不應低估。真正成功的治理策略不僅要解決所涉及的工具問題，還要解決人員和流程問題。我們將在第二章和第三章中討論資料治理的這些要素。

第四章會以資料語意庫為例，並探討如何在該資料的整個生命週期內進行資料治理；從蒐集、準備和存儲，接著是資料合併並提交報告、儀表板和機器學習模型中，再到資料的更新和最終刪除。這裡的一個不變的關鍵核心是資料品質；當發明新的資料處理方法，且業務規則發生變化之後，該如何處理資料品質的持續改進，這將在第五章討論。

到 2025 年，預計超過 25% 的企業資料會是串流資料。第六章會解決如何管理移動資料的挑戰。傳輸中的資料涉及在其來源和目的地的管理資料，以及傳輸中的任何聚合和操作。資料治理還必須解決資料延遲性的挑戰；以及，考慮具最終一致性的儲存系統 / 資料庫，對計算結果的正確性來說有何意義。

第七章會深入探討資料保護以及可用於身分驗證、安全、備份等的解決方案。如果沒有監控措施，就無法及早發現資料洩漏、濫用和事故以減輕影響，那再好的資料治理也毫無用處。本書的第八章就會介紹監控。

最後，第九章匯集本書主題，並涵蓋構建資料文化的最佳實踐：一種尊重使用者和機會的文化。

經常有人問我們，Google 如何在內部進行資料治理。附錄 A 即以我們十分熟悉的 Google 作為資料治理系統範例，並指出 Google 採取方法的優勢和挑戰，以及使這一切成為可能的要素。

第二章

資料治理的要素：工具

許多與資料治理相關的任務都可以從自動化中受益。機器學習工具和自動策略應用程式或各種其他建議都可以加速資料治理任務。本章中將回顧一些在討論資料治理時經常提到的工具。

在評估資料治理流程 / 系統時，請注意本章提到的功能。針對組織中資料治理所涉及的流程和相關負責人員，以下的討論，涵蓋人員所負責的任務，與可提供完整支援的工具。後面的章節會更詳細地探討各種流程和解決方案。

企業字典

首先，了解組織如何處理資料並啟用資料治理非常重要。通常，都會有一本企業字典或某種企業政策書。

談論到關於治理的文件時，首要建立的是企業字典，它可以採用多種形式，從紙質文檔到自動編碼以執行某些策略的工具。它是組織內一致同意使用的資訊類型（*infotypes*）儲存庫，即組織進行處理並從中獲得見解的資料元素。資訊類型將是一條具有單一含義的資訊，例如「電子郵件地址」或「街道地址」，甚至是「薪資金額」。

為了引用資訊內的個別欄位並且對應地制定治理策略，您需要對這些資訊命名。

組織的企業字典通常由強調合規性的法律部門，或強調所用資料元素標準化的資料辦公室所擁有。

在圖 2-1 中，您可以看到資訊類型的範例，以及將這些資訊類型組織成特定於組織的資料類別，以用於制定政策的可能性。

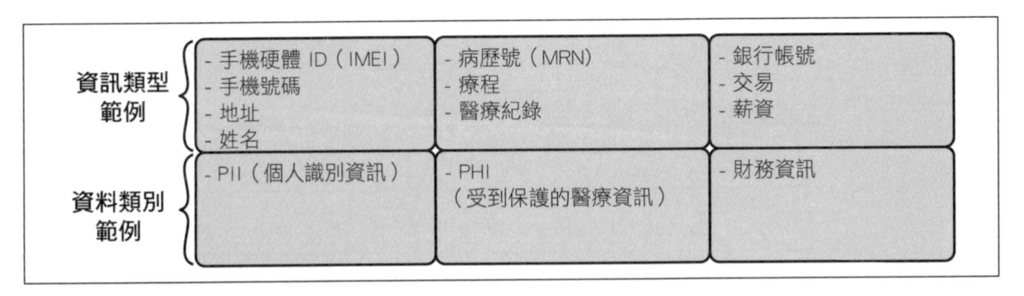

圖 2-1　資料類型和資訊類別

一旦定義了企業字典，就可以將各種單獨的資訊類型分至資料類別中，並且為每個資料類別定義一個策略。企業字典通常包含資料類別、與資料類別相關的政策和其附加元資料。以下小節將對此進行延伸討論。

資料類別

一個好的企業字典將包含一個清單，列出組織處理的所有資料類別，並且，它們會以策略進行不同層級的管理，用一般方式處理已分組的資料類型（*infotypes*）。例如，組織不希望在通用原則上，以不同方式各別處理如「街道地址」、「電話號碼」、「城市、州」和「郵遞區號」等資料，而是寧可設定一個政策以管理，例如，「對於消費者來說，所有位置資訊都只能讓擁有權限的人員接觸，並且最多只能保存 30 天。」這意味著前述的企業字典，實際上將會是一種包含資訊類型的階層架構：在葉子節點處是個別資訊類型，例如「地址」、「電子郵件」；而在根節點處，會發現資料類別或敏感性分類，有時兩者兼具。

圖 2-2 顯示一個來自虛構組織的階層結構範例。

政策標籤

政策標籤用於標記可用於子資源的存取控制政策，例如 BigQuery 服務中的行

Name ↑	ID	Description
Restricted	3247623653529953690	Highly Restricted Data
PHI	4081878655865131464	Patient Health Information
Drug_Details	348889402753783706	Details about a drug perscribed
NHS_Number	4099447459463431825	Patient ID
Treatment_Details	6587645476172403944	Details about a treatment or condition
PII	1690556303680165819	Personally identifiable data
Email	5606010836299662298	Email address
IMEI	7077445421065241870	Cellphone hardware ID
IP_Addr	2449414728069309088	IP Address of a session/connection
Personal_Car_VIN	7187828684927708308	Vehicle Identifier
Phone_Num	8401384437536803987	Phone number
SSN	9118232350617909155	US Social Security Number
Sensitive	5013925770628759512	Sensitive Data
Financials	358397642325435489	Financial Data
Bank_Account	8370833355300570	International Bank account ID
Credit Card Num	6313828804358283165	Credit Card number
Unrestricted Data	8097084282273622955	Unrestricted Data, broad access
Car_Details	4696597770432605648	Generic Details about a vehicle

圖 2-2　資料類別階層結構

在圖 2-2 所詳述的資料類別階層結構中，您可以在個人可識別資訊（PII）之下看到 IMEI（蜂巢式設備硬體 ID）、電話號碼和 IP 地址等等組合在一起的資訊類型。對於這個組織而言，這些很容易地以自動識別處理，並且是以「所有個人可識別資訊（PII）資料元素」所定義的策略以處理。例如，在「受限制的資料」這個類別之中，PII 與受保護的健康資訊（PHI）[1] 配對。以此類推，在「受限制的資料」的這個議題，應該可以把所有資料組合在一起，以進一步地定義更多策略。

資料類別通常由組織內的中央機構維護，因為關於「資料類別的類型」政策，通常會影響對法規的遵守。

1　*https://oreil.ly/T1mUo*

許多組織中都會看到資料類別，以下是一些範例：

個人識別資訊（PII）

可用於唯一識別一個人的資料，例如姓名、地址和個人電話號碼。對於零售商，這可以是客戶列表。其他範例包括員工人事資料列表、第三方供應商列表和其他類似資訊。

金融資訊

諸如交易、薪水、福利或任何可能包含財務價值資訊的資料。

商業知識產權

與業務的成功和差異化相關的資訊。

資料類別的種類和多樣性將隨著業務面的上下游關係和商業利益而變化。在先前的範例中，PII、金融資訊、商業知識產權等資料類別並不適用於每個組織，企業和國家之間經常會針對蒐集的資料，而有不同的含義和分類。請注意，資料類別是屬於某個主題的資訊元素組合。例如，電話號碼通常不是資料類別，但由電話號碼等成員元素組成的 PII 通常是資料類別。

資料類別有以下兩點特徵：

- 會引用的一組*策略*：此資料需要相同的保留規則和存取規則。
- 如圖 2-1 中的範例所示，資料類別所引用的各別資訊類型組合。

資料類別和政策

若組織欲處理的資料已經在企業字典中得到定義，則管理資料類別的各種策略就可以跨越多個儲存載體，指派給該資料。理想的管理關係是*存取控制*、*資料保留*等策略和資料類別之間的連接，而不是策略和單個儲存載體之間的連接。如果管理政策與資料的真實含義相關連，就更能讓參與者理解，例如，顯示「分析師無法存取 PII」會比「分析師無法存取資料表 B 上的第 3 列」來得更好理解，並能支援擴展更大量的資料。

如同上一個段落所述，我們討論了資料類別和政策之間的關係。通常，連同資料類別規範，中央資料辦公室或法律部門將定義企業政策手冊。並且基於此措施，組織需要能夠回答這個問題，「我們處理的是什麼類型的資料？」而企業政策手冊記錄了這一點。它指定了組織使用的資料類別、處理的資料類型以及處理方式，並詳細說明了「允許和不允許對資料做的事」。以下是關鍵因素：

- 合規性，組織需要能夠向監管機構證明其在資料處理方面制定的是正確政策。
- 監管機構將要求組織提交能證明遵守政策的證據，通常是審計日誌。
- 監管機構將要求企業提供關於流程上的證據，以確保執行政策手冊，甚至可能對政策本身發表評論。

我們想強調擁有一本經過深思熟慮且有據可查的企業政策手冊重要性。它不僅對理解、組織和執行政策非常有幫助，還能使您快速且有效地回應不斷變化的監管要求和法規。此外，應該注意的是，企業不應忽視能夠快速、輕鬆提供文件和合規證明的能力——這不僅僅針對外部稽核，也適用於內部稽核。能夠一目了然地明白公司如何執行且管理這些政策，對於確保全面的治理計畫及其成功來說至關重要。在我們的研究和訪談過程中，許多公司表示他們很難透過快速的內部稽核，來了解如何進行治理策略。而這通常會導致須花費大量時間和精力來回溯和記錄已執行策略、以及在它們之上附加哪些資料等等。總而言之，創建企業政策手冊並讓自己能更輕鬆地進行內外部稽核，將幫助您避免這種痛苦。

為了限制責任、風險管理和法律訴訟的風險，組織通常會定義資料的最大及最小保留率。這很重要，因為在調查期間，如果執法機構將需要某些類型的資料，受到調查的組織就必須提供這些資料。例如，就金融機構而言，通常會要求將某些類型的資料保存一段時間，例如交易資料保存至少 7 年。至於其他類型的資料，企業也有責任：對於不屬於您的資料，您不能洩露或失去控制。

另一種策略是存取控制。對於資料而言，存取控制不只是指「同意 / 不同意」的二分法，而是**不提供存取**、**只允許部分存取**或**完全開放存取**。部分存取是指可存取某些已「標記為星號」的欄位資料，或在確定性加密轉換後即可存取該資料，提供這樣的方法可允許操作不同的值，或按照這些值分組，而不會暴露其真實資料內容。您可以將部分存取視為逐步存取，範圍從零存取到不斷增加的有關資料細節，從僅格式、僅數字的位數、用非敏感資料元素替換敏感資料元素之後再呈現，到完全開放存取，見圖 2-3。

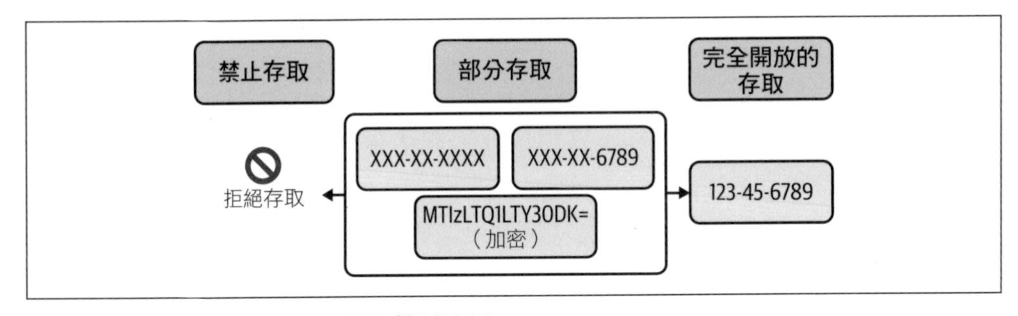

圖 2-3　針對敏感資料的不同存取級別範例

通常，政策手冊會指定：

- 組織內部或外部的誰可以訪問資料類別
- 資料類別的保留策略，即資料可保留多長時間
- 資料駐留 / 位置的規則（適用的話）
- 處理資料的方式（對於分析需求、機器學習等而言是否可以）
- 組織的其他考慮事項

企業的政策手冊以及與之相關的企業字典，描述組織管理的資料。現在讓我們討論可以加速資料治理工作和優化人員時間的特定工具和功能。

資料政策的各個使用案例

當考慮資料的使用案例時，資料可能因具有不同含義而需要不同策略。這裡以一個例子來說明，家具製造商可能會蒐集客戶的個人資料，包括姓名、地址及聯繫電話等以確保交付產品。但在很多時候，這些資料在未取得同意之前，就有可能直接拿去用於行銷用途。與此同時，也有可能是因為客戶想要將沙發直接送到家，而要求廠商儲存其個人資料！理想情況下，使用案例或目的，應該比組織成員和所賦予的角色來得更為重要。而一種思考方式是將其視為一個「窗口」，分析師可以提前地依據目的透過該窗口選擇資料，並可能將資料移動到用於該目的的不同存儲載體，例如上述的行銷資料庫；於此，所有基於稽核目的的產出物和歷程追蹤也會一併進行。

> **使用案例和策略管理的重要性**
>
> 隨著企業所蒐集的新資料和不同類型的資料，為使其符合監管要求和法規的不斷變化，資料的使用案例逐漸成為策略管理的一個重要方面。公司不斷重復，簡單的「資料分類到基於角色的存取類型」是不夠的，資料的使用案例需要成為策略的一部分。前述的家具製造商範例，出於交付產品與行銷目的而存取和使用客戶地址；而另一個例子是，某家公司的員工可能擔任多個角色。在這種情況下，單純基於角色存取策略並不適合，因為這些員工可能得到允許，以存取一組特定資料來執行與其角色相關的任務，但無法存取其他不同角色的相關資料來完成任務。由此可以看出，考慮與資料用途相關的存取（其使用案例），比僅考慮資訊類型 / 資料類別和員工角色更有效率，也更有效果。

資料分類和組織

為了控制資料治理，在某種程度上將資料分類自動化是有益的（至少，基於資訊類型做分類自動化），儘管有時會採用更大程度的自動化。談到自動化，一個例子是資料分類器將查看非結構化資料，甚至是結構化資料中的一組行，並依此推斷資料「內容」，例如它將識別電話號碼、銀行帳戶、地址、位置指示符號等各種表示形式。

一個分類器範例是 Google 的 Cloud Data Loss Prevention（DLP）[2]。另一個分類器範例是亞馬遜的 Macie 服務[3]。

資料分類的自動化可以藉由以下兩種主要方式實現：

- 在資料蒐集階段時即識別資料類別，並在添加資料來源至工作流程時即觸發分類任務
- 定期觸發資料分類任務，審查資料樣本

2 *https://cloud.google.com/dlp*。（譯者註：Cloud DLP 是 Google 推出協助使用者探索、分類及保護高度機密資料的雲端全代管服務）。

3 *https://aws.amazon.com/macie*

在可能的情況下，識別新資料來源，並在將它們添加到資料倉儲時分類是最有效的，但有時候並不適用於舊有資料或聯合資料。

資料分類後，可以根據所需的自動化級別執行以下操作：

- 將資料標記為「屬於某個類別」（請參閱第 39 頁「企業字典」）
- 對於欲存取或操作的資料，根據其資料類別、「目的」或情境定義，可自動（或手動）應用資料存取控制和資料保留的策略

編撰資料目錄和元資料管理

當談論到如何分類資料、資料的類別為何，以及甚至資料內容本身時，需要討論*元資料*，也就是「描述該資料的資料」，具體來說就是它的存儲位置以及治理控制方式。如果認為元資料與底層資料本身遵循相同的策略和控制，那就太天真了。事實上，在很多情況下，這可能會成為一個障礙，例如在元資料目錄中搜索哪個資料表有包含特定客戶姓名。雖然您可能無法存取該資料表本身，但知道存在這樣的資料表極有價值，您就可以請求存取、嘗試查看資料架構並確定該資料表是否相關，同時並且可以避免創建另一個相同的資料表。另一個例子是資料停留性，即敏感資料，若是在全球搜尋引擎找資料，有可能該資料實際上不得離開某個國家邊界，但這樣的限制卻不一定適用於此一相關資料本身存在的資訊，即元資料。最後一個例子是相關通話清單資訊，也就是通話對象、位置和時間等，這可能比通話內容本身更為敏感，因為從該通話清單可以得知某些人在特定時間所在的特定位置。

元資料管理的關鍵工具是*資料目錄*。儘管企業資料倉儲，例如 Google BigQuery 在處理資料具極高效率，但還是可能需要一個跨越多個存儲系統的工具來保存相關資料資訊。包括欲查找資料的位置，以及與之關連的技術資訊，如資料表架構、表名、行名及行描述等，並允許附加其他「業務面」的元資料，例如組織擁有該資料的人員，資料是本地生成還是外部購買，是否與生產環境的使用案例或測試用途相關等等。

隨著資料治理政策的發展，您會希望將資料治理資訊的細節：*資料類別*、*資料品質*、*資料的敏感性*等，附加到資料目錄中的資料。將資訊的這些維度系統化相當有用，這樣就可以多方搜尋，例如，在「生產」環境中，顯示包含資料表和 X 資料類別的所有資料。

顯然地，資料目錄需要能夠有效地索引所有這些資訊，並且必須能夠使用高性能搜尋和發現工具，將其呈現給權限允許的使用者。

資料評估和分析

在過濾資料時，大多數產生洞察力工作流程的一個關鍵步驟，是檢查資料中的異常值。會產生異常值有很多可能原因，例如輸入錯誤，或者可能只是與其餘資料不一致，但也可能是代表目前樣本數較少的新片段或模式。最好的做法是在其做出全面 / 自動決策之前審查。很多時候，您需要在獲得洞察力之前，對一般情況下的資料進行正規化。值得關注的是，這種保留或刪除異常值的正規化，應該考量業務面的使用情境，例如您是否正在尋找異常模式。

讓資料正規化的原因在於確保資料品質和一致性，因為有時資料輸入錯誤會導致資料不一致。同樣地，這也應該考量業務面的使用情境。例如，「審查金融交易資料」對於正在尋找強大 / 有影響力客戶的行銷團隊，和尋找詐欺跡象證據的詐欺分析團隊來說並不相同。因此，缺乏明確業務案例，就無法執行資料品質相關工作。

請注意，就像機器學習模型很容易從錯誤資料中提取普遍化觀察，而得出錯誤結論，許多其他類型的分析也是如此。

資料工程師通常僅負責基於資料以生成報告，至於資料中所包含的異常值或其他可疑的品質問題，除非該資料的錯誤，明顯是因輸入時或處理時所引起的，否則如前所述，該資料錯誤將由組織內擁有它的分析師，根據資料預期的用途予以修復 / 清理。但是，資料工程師可以根據資料擁有者的請求和要求，利用程式方法來修復資料錯誤。例如，資料工程師將查找空欄位、欄位值超界，例如年齡超過 200 歲或低於 0 歲的人；或者只是簡單的錯誤，該輸入字詞但輸入數值等，再加以處理。有一些工具可以輕鬆查看資料樣本並簡化清理過程，例如 Trifacta 的 Dataprep[4] 和 Stitch[5]。

---

4 *https://cloud.google.com/dataprep*

5 *https://www.stitchdata.com/*

這些清理過程可確保在應用程式中使用的資料，例如生成機器學習模型，不會因為資料異常值而出現偏差。理想情況下，應概要分析資料，以檢測每行的異常情況，並確定異常情況在相關環境中是否具有意義，例如，顧客在實體店營業時間以外購物可能就是一個錯誤，但在深夜時段於網路上購物則非常合乎現實情況。在每個資料欄位設置了可接受的資料類型，並且在資料擷取階段，對批次資料或任何串流事件，引入基於規則的自動化準備和清理。在此要額外注意的是，須避免在資料中引入偏差，例如消除了不應消除的異常值。

資料品質

對資料來源而言，資料品質是決定其使用案例的重要參數，並且能夠依賴資料以進一步計算 / 納入其他資料集。您可以藉由查看資料來源以識別其品質，即了解資料是怎麼來的，是容易出錯的人工輸入？針對數量做模糊物聯網設備最佳化，而非品質？還是高度精確的行動應用程式串流事件？由於低品質的資料將會降低對高品質資料來源的信心，所以知曉資料來源的品質，可以引導您做出是否要合併不同品質資料的決定。資料品質管理流程包括創建驗證控制、啟用品質監控和回報、支援使用評估事件嚴重程度的分類流程、啟用根本原因分析和資料問題補救措施建議，以及資料事件後續追蹤。

應該為不同品質的資料集分配不同的可信度。也應考慮是否允許，或至少事先策劃混合具有不同品質的資料集，以產生新資料集。正確的資料品質管理流程，將為分析提供可衡量的可信資料。

一個可能可以實施以提高資料品質的流程是主權意識：確保生成資料的業務部門也對該資料的品質負責，並且不會將品質問題留給下游使用者。組織可以創建一個資料接受流程，除非資料的擁有者可證明該資料的品質通過組織標準，否則不允許使用資料。

歷程追蹤

資料是由某些來源所生成，經歷各種轉換、額外的附加值，並最終支持某些見解，並不會無中生有。而其中許多有價值的內容就是取決於資料來源，以及它在整個過程中所操縱的內容。因此，這就是*資料歷程*——也是資料追蹤至關重要的原因。

為什麼歷程追蹤很重要？原因之一是可以藉此了解所生成的儀表板 / 資料聚合後的品質。如果這項最終產品是從高品質資料所生成的，但後來該資訊卻合併到較低質量的資料中，就會導致儀表板產生不同的解釋。另一個例子是藉由歷程追蹤，可以用整體的方式查看敏感資料類別在組織資料範圍內的移動，以確保敏感資料不會在無意中暴露在未經授權的資料儲存體。

首先，歷程追蹤應該能夠對結果指標例如「品質」，或資料是否遭敏感資訊「汙染」而進行計算；再來，走訪資料之後，歷程追蹤必須能夠以圖形化方式呈現「圖表」結果。請記住，此圖對於除錯目的非常有用，但對於其他目的則不太有用。

歷程追蹤和其時間 / 成本

在描述歷程追蹤的重要性，尤其是以看得見的方式時，公司經常提到他們必須在除錯和故障排除方面付出許多努力。他們常掛在嘴邊的是，很多時間不是花在解決問題或錯誤上，而是花在試圖找出是否有任何錯誤或問題上。我們不只一次地聽到，如果有更理想的追蹤方式，不僅更能夠解決問題，還可以節省寶貴的時間；例如，正在發生的事情，或密切關注的事情一旦「出錯」時，就可以立即查看的警示通知等；而且，從長遠的角度來看，這也可以節省整體成本。通常，談論資料歷程時，重點是了解資料的來源和去向，但若能直觀地查看 / 了解何時何地出現問題，並能夠立即採取行動，也很有價值。

解釋決策的時候，歷程追蹤是很重要的一環。藉由輸入資訊辨別至決策演算法，有點像類神經網路或機器學習模型，您可以慢慢合理化某些業務，例如之前的貸款審批決策和之後該有的決策。因此，藉由可解釋的業務決策，即過去交易能解釋當前決策，並讓此資訊對資料用戶來說是透明的，您可以實踐良好的資料治理。

這也點出了歷程追蹤時間維度的重要性。更複雜的歷程追蹤解決方案是跨越時間維度的，不僅要追蹤儀表板的當前輸入內容，還要追蹤過去輸入內容，及這之中的格局如何演變。

金鑰管理和加密

要在任何類型的系統中存儲資料時，一個考慮因素在於是否以明碼格式存儲該資料或對其進行加密。對資料加密除了保護所有資料流量本身以外，還可以再提供另一層保護，因為只有擁有金鑰的系統或用戶才能從資料中獲取意義。資料加密有幾種實現方式：

- 底層存儲系統可以存取金鑰以對資料加密。這允許底層存儲系統可透過資料壓縮以實現高效率存儲，因為已加密資料通常無法有效壓縮。當資料於存儲系統範圍之外存取時，例如從資料中心帶出硬碟，則該資料將不可讀，因此維持安全性。
- 由存儲系統無法存取的金鑰加密資料，且金鑰通常交由客戶單獨管理。在某些情況下，這可以防止存儲系統供應商內部不良行為者的惡意操作，但會導致存儲的效率低下，且對性能產生影響。
- 即時解密，作為一種存取控制的形式，只有特定情況下的特定使用者，存取特定資料時才能有效解密。在這種情況下，加密可以保護某些資料類別，例如「客戶姓名」，同時仍然允許獲得諸如「所有客戶的總收入」、「收入排名前 10 位的客戶」之類的結果，和可以識別出滿足某些條件的目標。並且就這些目標而言，可以選擇透過請求流程，以要求對它們的加密欄位解密。

預設情況下，Google Cloud 服務中的所有資料都經過加密，無論是傳輸中的還是靜態資料，以確保客戶資料始終受到保護，免受入侵和攻擊。客戶還可以使用 Cloud KMS[6] 來選擇使用由客戶管理的加密金鑰（CMEK），或者在需要進一步控制其自身資料時，選擇客戶提供的加密金鑰（CSEK）。

為了提供最強大的保護，加密選項應該是您選擇的雲服務平台，或資料倉儲的原生選項。大型雲服務平台都有本地端金鑰管理，通常允許您在不洩露實際金鑰的情況下對金鑰執行操作。在這種情況下，實際上有兩把鑰匙在作用：

加密資料的金鑰（*DEK*）

用於存儲系統 ，以直接加密資料。

6 *https://cloud.google.com/kms*

加密金鑰的金鑰（KEK）

用於保護加密資料的金鑰，並駐留在受保護的服務，即金鑰管理服務中。

一個簡單的金鑰管理情境

以圖 2-4 為例，右側的資料表各列均使用純加密資料的金鑰（DEK），以塊為單位加密[7]。而且加密資料金鑰不會與該資料表一起存儲，取而代之的是，加密金鑰的金鑰（KEK）會授予它一種保護形式，即封裝過的資料加密金鑰存儲在資料倉儲中。至於該加密金鑰的金鑰（KEK）則（只會）駐留在金鑰管理服務中。

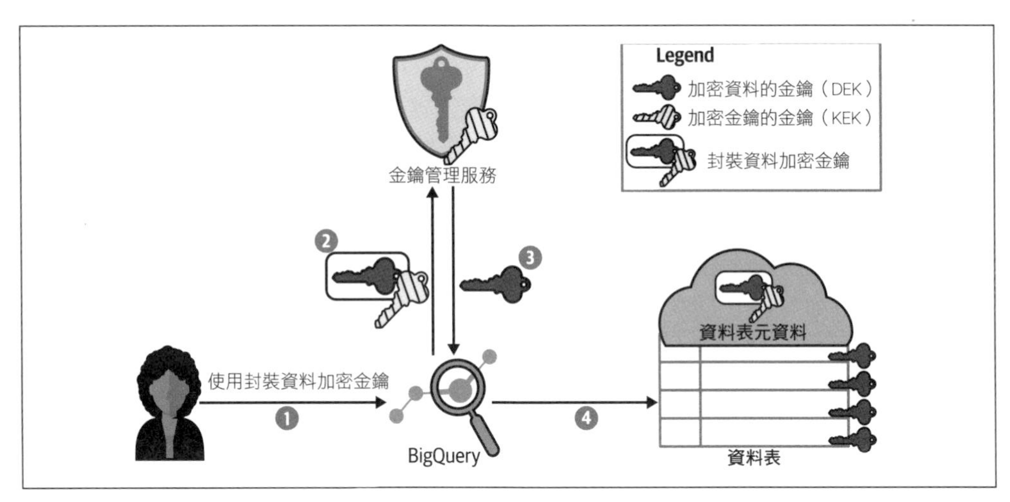

圖 2-4　金鑰管理情境。

若要存取資料，使用者或執行程序須遵循以下步驟：

1. 使用者 / 執行程序會發送獲取資料請求，指示資料倉儲 BigQuery 使用「條紋金鑰」，以解開封裝起來的資料加密金鑰，基本上是傳遞該金鑰 ID。
2. BigQuery 從資料表的元資料中檢索受保護的加密資料金鑰（DEK），並提供封裝資料加密金鑰給金鑰管理服務。

7　保護靜態資料是一個許多人談論的話題，Bruce Schneier（John Wiley 及其子）的《Applied Cryptography》是一本不錯的入門書。

3. 金鑰管理服務解開封裝的資料加密金鑰，而加密金鑰的金鑰（KEK）永遠不會離開金鑰管理服務的保險箱。

4. BigQuery 使用加密資料的金鑰（DEK）以存取資料表內的資料，然後便會丟棄該金鑰，它絕不會以持久的方式存儲下來。

此情境確保加密金鑰的金鑰（KEK）永遠不會離開安全的單獨存儲載體（金鑰管理服務），並且加密資料的金鑰（DEK）永遠不會駐留在硬碟上，僅在記憶體中，並且只有需要時才載入。

資料保留和資料刪除

資料治理工具箱中的另一個重要項目，是控制資料保留時間的能力，即是對保留時間設置最大值和最小值。在偶爾的存儲空間最佳化過程中，比起直接保存資料，識別那些應該存活下來的部分，來得明顯較好。但是替價值較低的資料設定保留的最大時間量並自動刪除它似乎不太明智。考慮到保留個人識別資訊（PII）會帶來提議者披露、知情同意和透明度方面的挑戰。若使用後就擺脫個人識別資訊（PII），例如僅在通勤時保留位置資訊，則可簡化上述操作。

談論資料保留和資料刪除時，通常會考慮如何處理敏感資料，也就是說，是保留、加密、刪除還是以其他方式處理。但在某些情況下，您的治理策略不僅可以避免不合規，還可以保護您免受工作損失。

資料保護與刪除這個相關主題雖然有點老了，但我想到的一個例子是 1998 年電影《玩具總動員 2》的意外刪除事件[8]。電影正在製作時，皮克斯的技術長 Oren Jacob 和技術總監 Galyn Susman 查看一個包含幾名角色及其相關資源的檔案夾目錄時，卻出現一個技術性錯誤，跳出一個似乎在說「當前目錄已不存在」的錯誤訊息，這意味著檔案目錄中這些角色的位置均已刪除。就在他們努力藉由返回先前檔案目錄，以求找出問題發生的位置時，卻也即時地目睹了這幾個角色的相關資源在他們眼前一一消失了。

8 Dan Moshkovich，〈資料的意外刪除：玩具總動員 2 和 MySpace 的警世錄〉（Accidental Data Deletion: The Cautionary Tale of Toy Story 2 and MySpace），HubStor（部落格），2020 年 8 月 17 日（*https://oreil.ly/Gh7sL*）。

歸根究底，是因為一道 10 個字元長度的錯誤指令，錯誤地刪除電影的 90% 內容。即使他們能夠恢復大部分電影，但不幸的是，他們也失去了大約一週的工作價值。

從這個例子可以看出，即使敏感資料沒有洩露或丟失，仍然有可能意外刪除大量資料，且其中一些資料永遠無法恢復。我們要求您的治理計畫中不僅要考慮如何對待和處理敏感資料，例如將其保留在何處，或保留多長時間，以及是否刪除它等。此外，還要考慮如何在其他平台的其他資料類別上實施相同的治理計畫，而這對備份很重要。雖然資料丟失可能不會導致違反合規性，但肯定會導致其他災難性的業務後果，如果事先有計畫的話，希望厄運不會發生在您身上。

個案研究：清晰的資料保留規則對資料治理的重要性

丹麥一家已經制定資料治理政策的計程車公司，要告訴我們有關資料保留的教訓[9]。

要了解這個故事，需要先了解歐盟一般資料保護規則（GDPR）第 5 條[10]的一些背景知識。該法規涵蓋科技公司處理歐洲公民資料的規定，詳細說明組織在處理個人資料時必須遵循的標準，規定資料必須以對其主體，即歐洲公民透明的方式處理，並且為特定目的蒐集的資料僅能使用於該目的。GDPR 第 5(1)(c) 條透過將個人資料限制在與其處理目的相關必要範圍內的要求，來解決資料最小化問題。此外，第 5(1)(e) 條規定資料的存儲時間不得超過蒐集資料所需的時間，而該條也與本範例計程車公司最具相關性。

這家丹麥計程車公司（圖 2-5）出於合法目的，處理計程車的乘車資料，確保每次乘車和相關費用都有相關紀錄，以符合退款和會計目的。

9 有關此個案研究的更多資訊，請參閱律師事務所 Gorrissen Federspiel 的報導（*https://oreil.ly/peZ3j*）。

10 *https://oreil.ly/2npEa*

圖 2-5　丹麥計程車（由 Håkan Dahlström 提供，Creative Commons License 2.0[11]）

如前所述，丹麥的計程車公司制定資料保留政策：在資料保留達兩年後，計程車的行程資料就會以刪除乘客姓名的方法，使得該資料匿名化。然而，這個操作並未使資料**完全地**匿名。因為上述的行程資料包含額外詳細資訊（儘管蒐集行為是透明的），例如：計程車開始和結束地理位置，以及乘客電話號碼等。有了這些細節，即使沒有乘客的姓名，也很容易識別出乘客，因此公司不符合自己的匿名聲明；它的資料保留政策實際上是無效的。

上述例子可以到吸取的教訓是，針對資料保留策略須考量業務目標，以及該目標是否透過設置的策略以實現，是至關重要的。在此案例中，歐盟對計程車公司祭出罰款，並因實質上將電話號碼用為計程車乘務管理系統中的唯一標識字符，而廣受批評。

資料採集工作流程的管理

將迄今為止提到的所有工具聯繫在一起的關鍵工作流程之一，是資料採集。此工作流程通常始於分析師尋找資料以執行任務。分析師透過實施良好的資料治理計畫，能夠存取組織的資料目錄，並透過多方面的搜索查詢，能夠審查相關資料來源。而資料採集繼續識別相關資料來源，並尋求對其來源的存取授權。此時，資

11 *https://oreil.ly/e-8lF*

料治理控制將該存取請求發送給正確的授權人員，並授予對相關資料倉儲的存取權限，且由該資料倉儲的原生控制機制所強化。這個工作流，包含識別任務、挑選相關資料並置入考量清單、識別相關資料並獲取對它的存取等步驟，構成了一個安全的資料採集工作流程。而那些對於所請求的資料存取級別，即存取用於搜索的元資源、存取資料本身、查詢聚合資料等，都是資料治理決策。

IAM—身分識別與存取管理

在談論資料採集時，重要的是詳細說明存取控制的工作原理。存取控制的主題依賴於使用者的身分驗證，並且根據個別用戶存取特定資料的授權權限和存取條件。

驗證使用者身分的目的是確定「您就是您所說的那個人」。任何使用者，或這裡指的任何服務或應用程式，都在一組與服務相關連身分的權限和角色下運行。有鑑於此，安全地驗證該使用者身分的重要性顯而易見：如果我可以模擬不同的使用者，則該使用者的角色和權限會存在風險並破壞資料治理。

傳統上，身分驗證係指請求存取資源的使用者須提供密碼以完成的行為。而這種方法有一個明顯的缺點，即任何以某種方式獲得密碼的人，都可以存取該使用者有權存取的所有內容。因此如今，正確的身分驗證需要：

- 您所知道的東西：也就是您的密碼或密碼片語，外人應該不好猜測並定期更新。
- 您所擁有的東西：這是身分驗證的第二個要素。在提供正確的密碼短語後，系統會提示使用者證明他們擁有某種設備，例如能接收一次性密碼的手機、硬體權杖等，從而增加另一層安全性。潛在的假設是，如果您遺失了這件「物品」，您會馬上通報，以確保其他人無法使用您的認證方式。
- 您的身分：有時候，為了另一層安全，使用者會在身分驗證請求中添加生物識別資訊：指紋、臉部掃描或類似方法。
- 附加背景：確保經過身分驗證的使用者，只能存取來自特定批准的應用程式、設備或其他條件的特定資訊，是另一個經常使用的安全層級。這種附加背景通常包括：

— 只能從公司的硬體設備存取公司資訊（由公司的 IT 單位批准）。一般公司會在內部設備預設安裝反惡意軟體保護，因此，「使用伴侶的電腦或移動式設備以檢查電子郵件」這樣的存取動作，自然不受公司的反惡意軟體保護，故唯有限制使用的可存取資訊硬體設備，才能消除風險。

— 只能在工作時間存取某些資訊。從而消除員工利用下班時間操縱敏感資料的風險，可能是當這些員工不在適當的環境中，或沒有對風險保持警惕時。

— 在未登入公司網路時，例如網咖，因為有網路竊聽的風險，所以對敏感資訊的存取權限有所限制。

身分驗證主題是存取控制的基石，每個組織都將在風險規避和使用者身分驗證的摩擦之間，定義自己的平衡點。眾所周知的格言是，員工為了存取資料而必須跨越的「圈套」越多，就越會努力想避免這些複雜流程，從而導致「未經同意或告知的軟體服務」（shadow IT）和資訊孤島。這是與資料治理相反的方向，因為資料治理旨在適當的限制下，促進所有人對資料的存取。有關於詳細談論此主題的書籍請參見註腳[12]。

使用者授權與存取管理

一旦使用者通過適當的身分驗證，不論使用者的目標是資料表、資料集、資料工作流或是串流資料，都會有某個執行程序，負責檢查該使用者是否獲得授權，以存取資料物件，或者執行某種對資料物件的操作。並在結束檢查之後，授予該使用者適當的存取權限。

資料是一種更接近面對面交流，並且富含質感和深度的媒介。其中的存取策略範例可以是：

- 用於直接地讀取資料，例如在資料表上執行 SQL 的「select」指令，或者讀取某個檔案。

12 Ertem Osmanoglu 所著的《Identity and Access Management》（Elsevier Science，Syngress），是身分識別與存取管理的範例書籍（*https://oreil.ly/qoANU*）。

- 用於讀取或編輯與資料關連的元資料。對資料表而言，這指的是資料表及其欄位的設計，如行的名稱和類型、資料表名稱。對文件而言，指的是文件名稱。此外，元資料還包含建立日期、更新日期和「最後讀取」日期。
- 用於更新內容，而不是添加新的內容。
- 用於複製該資料或是導出該資料。
- 還有與工作流程相關的存取控制，例如執行提取－轉換－載入（ETL）操作，以移動和重塑資料（行 / 列的替換）。

此處延伸了前面提到的資料類別策略，其中還詳細說明了部分讀取訪問；這可以是它自己的授權功能。

定義身分、組別和角色，並分配存取權限以建立一定程度的存取管制非常重要。

身分識別與存取管理（IAM）應該為每個使用者提供角色管理，使其能夠靈活地添加自定義角色，而且這些角色將與您組織相關的有意義權限結合在一起，確保只有通過身分驗證和獲得資源授權的個人和系統，才能根據已定義的規則來存取資料。企業級的 IAM 還應提供與身分識別與存取管理相關的環境資訊，例如來源 IP 位址、使用設備、生成訪問請求時間，如果可以，還應提供存取的使用案例等。存取到資料之前，良好的治理措施將基於環境以限定角色和權限，因此，身分識別與存取管理（IAM）系統應該可以擴展到數百萬個使用者，並且每秒能處理多個資料訪問請求。

總結

本章說明資料治理的基本要素：擁有一本涵蓋所管理資料類別政策書的重要性，以及如何清理資料、保護資料和控制存取等等。當談完工具之後，接下來是討論人員、流程和其他成分重要性的時候了，這些也是成功的資料治理計畫中不可或缺的一部分。

第三章

資料治理的要素：人員和流程

如前幾章所述，公司希望能夠從他們的資料中獲得更多洞見，他們想做出「資料驅動的決策」。基於直覺或是市場觀察而產生的商業決策，這樣的日子已經一去不復返了，巨量資料和基於巨量資料的分析能力現在允許基於蒐集資料，並從該資料中提取模式和事實來做出決策。

基於這種使用巨量資料的行為，我們花了很多時間解釋它對以資料治理為主的眾多考量因素有何影響，並且概述有助於此過程的工具。然而，在設計資料治理政策時，工具並不是唯一的評估因素，之中所涉及的**人員**和實施資料治理的**過程**，也都是成功實施資料治理政策的關鍵。

在資料治理政策中，人員和流程經常遭到忽視或過度簡化。儘管有越來越好用、越來越健全的工具，但如今對治理工具的依賴過於嚴重，只是僅靠它們是不夠的；**如何**使用這些工具、使用者對於使用工具時的理解程度，以及為了正確使用而設置的流程，這幾點對治理成功來說也都至關重要。

人員：角色、職責和所戴的帽子

許多資料治理框架是圍繞著各種角色和職責的複雜相互作用所形成。這些框架在很大程度上依賴於一種情況：在保持運轉良好的資料治理機器平穩運行時，每個角色都能發揮自己的作用。

這樣做的問題是，大多數公司很少能夠完全落實這些資料治理框架，有些不到一半，究其原因，往往是員工缺乏所需的技能，或者更常見的就只是因為人手不足。基於這個因素，在公司負責資訊和資料相關工作的員工，經常得戴上不同的**帽子**以扮演各種角色。我們使用術語「**帽子**」一詞來描述實際**角色**或**職位**，與其完成的**任務**之間的區別。同一個人可以執行許多不同角色的任務，或者在日常工作中扮演許多不同的角色。

帽子的定義

第一章概述三大類型的角色：管理者、審核者和使用者。在這裡將深入研究每個類別中的不同帽子（相對於角色），與每個帽子的相關任務，並擴展至附加類別的輔助型帽子；最後，以任務導向的觀點與基於角色的方法，看待這些帽子的含義和注意事項。表格 3-1 列出每頂帽子及其各自的類別和關鍵任務，以供快速參考，下面會有更詳細的描述。

表 3-1　不同的帽子及其各自的類別和與之相關的任務

帽子	類別	關鍵任務
法務	輔助型角色	了解並傳達有關於合規性法律的要求
隱私權統治者	管理員	確保合規性並監督公司的治理策略／流程
資料擁有者	審核者（也可以是管理員）	實際地落實公司的治理策略（例如資料架構、工具、資料渠道等）
資料管家	管理員	對資料執行基於業務面的資料分類，和基於資料自身屬性欄位的分類
資料分析師 / 資料科學家	使用者	執行複雜的資料分析和查詢
商業分析師	使用者	執行簡單的資料分析
客戶支援專家	輔助型角色（也可以是使用者）	查看客戶資料（但不將此資料用於任何分析目的）
公司最高管理層	輔助型角色	累積公司的治理策略
外部稽核師	輔助型角色	稽核公司是否符合法律規定的合規性

法務（輔助型角色）

有別於正式職稱：**法務**這頂帽子並不一定是真正的律師。這頂帽子包括確保公司在內部的資料處理和資訊溝通方面，符合最新的合規性法條要求。根據公司的不同，戴這頂帽子的人實際上可能是一名律師，對於高度監管的公司來說尤其如此，稍後將詳細介紹；他必須深入地了解所蒐集資料的類型及其處理方式，以確保公司在外部稽核時合規。至於其他公司，尤其是那些處理敏感資料但卻不受高度監管的公司，了解最新法規更有可能只是某位員工的職責，而他必須深刻了解那些適用於公司蒐集資料的法規。

隱私權統治者（管理員）

這頂帽子之所以命名為**隱私權統治者**，由來是 Google 內部使用的一個術語，而這頂帽子在其他公司宣傳資料也會稱為**治理經理**、**隱私權總監**或**資料治理總監**，它的主要任務是確保公司遵守法律部門認定的適當規定。此外，隱私權統治者通常也監督著公司的整個治理流程，其中包括應遵循的治理流程定義以及遵循方式，本章後面會討論其他過程和方法。重要的是，要注意隱私權統治者不一定擁有深厚的技術背景。雖然從表面上看，這頂帽子似乎來自於技術背景，但根據一般公司及其為資料治理工作所投入的資源，通常，這項任務是由業務方面的員工，而非技術方面的員工來擔任或執行。

說到對抗新冠肺炎（COVID-19），了解人群移動是如此的重要。身為一家處理大量且高度個人化資料，當然也就包括位置資訊的公司，Google 在幫助醫療保健提供者和執政當局有效對抗這場致命流行病，與維護全球數十億 Google 使用者的信任之間左右為難。

隱私權統治者，工作範例 1：社區人流趨勢報告。在保護隱私的同時，並向衛生當局提供有用且**可操作**的資料，是一項需要 Google 隱私權統治者充分關注的挑戰，因為他們的任務就是制定內部法規，以確保技術不會侵犯用戶的個人資料和隱私。

他們找到的解決方案是以聚合形式提供資訊，這些匿名資料集的資訊，由那些在 Google 服務中打開「位置歷史紀錄」的用戶所提供[1]。這項設定預設為關閉，用

1 想了解更多資訊，請參閱 Google〈社區人流趨勢報告〉（Community Mobility Reports, *https://oreil.ly/HlXej*）。

戶需要「選擇加入」才能啟用，而且可以隨時刪除位置資訊的歷史紀錄。此外，差分隱私（可見第七章）可進一步用於識別具有異常結果的一小群用戶，並從上述提供的解決方案中，完全消除這些具有異常值的資料。另一種差分隱私技術可用來為結果添加統計雜訊；這在統計上與聚合無關，但有助於確保無法藉由資料來追蹤到單一個人。

該解決方案的成果是一組追蹤社區和因時間不同而有的行為改變有效報告。衛生官員可以藉此評估人們是否遵守「待在家裡」的命令，並追溯由於人潮聚集所導致的感染源。

圖 3-1 可見這項工作的成果。這是舊金山市郡報告的一個範例顯示，住宅區（右下）的人數增加，但零售場所、雜貨店、公園、轉運站和工作場所的人數全面減少。請注意，這裡都沒有具體的地點名稱，但這些資料可讓衛生官員有效評人們聚集地。例如，可以重新考慮讓零售店恢復營業的命令。

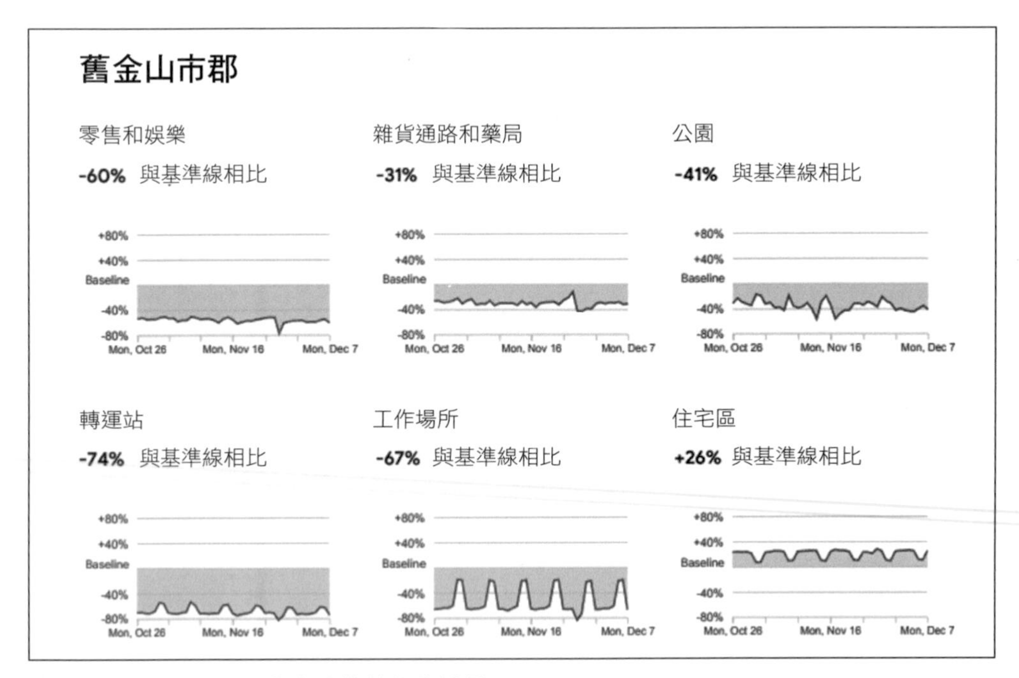

圖 3-1　來自 Google 的人流趨勢報告範例

隱私權統治者，工作範例 2：暴露通知。與 COVID-19 相關的另一項更艱鉅任務，是如何從隱私角度安全地告知人們，您長期接觸已得到 COVID-19 的人[2]。由於該病毒具有高度傳染性而且可以透過空氣傳播，因此確定暴露情況，並確保那些在無意中接觸到陽性患者的人願意接受檢測，畢竟如果檢測呈陽性，他們也需要自我隔離，這對打破感染鏈和限制疫情爆發至關重要。這段過程是對抗感染的公認技術，也稱為*接觸者追蹤*。資訊技術可以藉由立即提醒個人以增強接觸者追蹤，這種科技作法可替代長時間的電話調查。而在傳統的電話調查中，公共衛生當局會詢問確診的個人在潛伏期內的足跡。許多人無法準確地說出他們在過去幾天去了哪裡，也不是每個人都有辦法輕鬆地列出過去一週與他們互動過的所有人名單。

然而，COVID-19 陽性確診是一種很個人化的資訊。將此資訊傳遞給該確診者所接觸過的每個人則是充滿情緒化的過程。此外，這種資訊技術是高度侵入性的，並且會導致人們抵制以至於不再啟用該技術的地步。

這樣的話，隱私權統治者該如何在保護個人資訊、隱私權和對抗致命疾病之間找到平衡呢？

現已使用的解決方案，是藉由維持以下所需原則來確保隱私權：

- 它必須是一個「自由選擇加入」的解決方案。即人們必須先啟用它，並且產品在對使用者告知必要資訊給之後，須確保獲得用戶同意才能進行。
- 由於主旨只是確認受試者是否在確診者旁邊，因此不會蒐集位置資訊，儘管該位置資訊可能有助於衛生當局了解事件發生的地點。但這是隱私權的統治者為保護隱私而做出的權衡決定。
- 這個資訊僅與公共衛生當局共享，不與 Google 或 Apple 等公司共享。

這個解決方案該如何操作呢？每部手機都會向附近所有手機發送一個獨特、隨機且經常變化的標識符；手機會將蒐集到信標維護成一個列表，並將此列表與任何人的診斷報告做匹配確認。如果您的手機靠近某個上傳陽性診斷結果的人的手機，則會向您報告匹配情況（見圖 3-2）。請注意，該解決方案沒有報告感染者

2 想了解更多暴露通知，請參閱〈暴露通知：使用技術幫助公共衛生當局對抗 COVID-19〉（Exposure Notifications: Using Technology to Help Public Health Authorities Fight COVID-19, *https://oreil.ly/0HrdE*），和〈隱私：保護接觸者追蹤〉（Privacy: Preserving Contact Tracing, *https://oreil.ly/ 5yJQV*）。

的身分，也沒有報告具體時間和地點。因此，在不犧牲感染者隱私的情況下可共享此關鍵資訊：您曾接近過確診患者，因此建議您立即接受檢測！

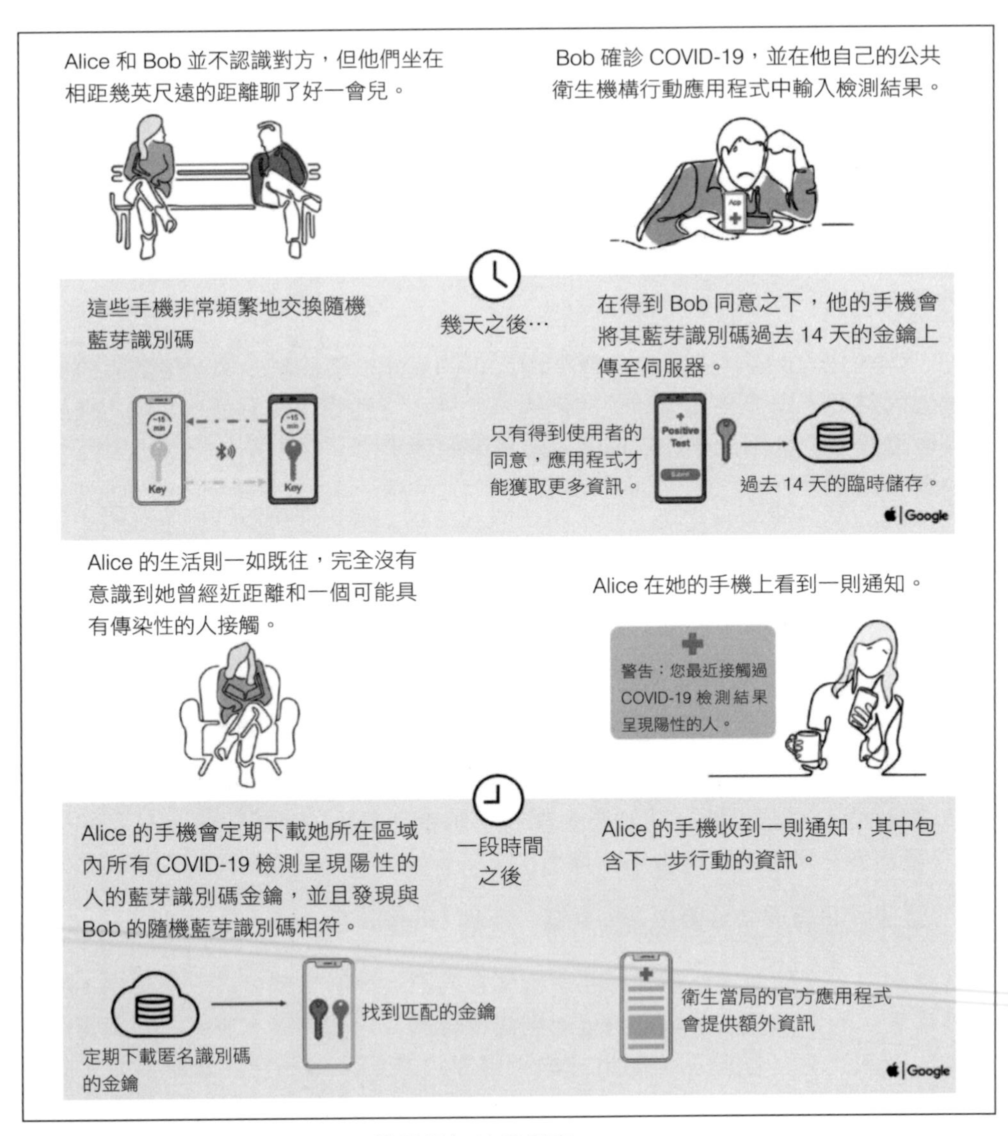

圖 3-2　摘自於 Google / Apple 暴露通知技術指南

資料擁有者（審核者 / 管理員）

有了資料擁有者，才能實現隱私權統治者的治理策略 / 流程[3]。實務上，資料擁有者的任務包括實施隱私權統治者所制定的流程和策略。這通常包括公司資料架構的構思和創建、相關工具的開發與選擇、以及資料渠道與儲存設施的建立、監控和維運，換句話說，就是「擁有資料的人」。從任務描述中可以清楚地看出，這必須由身懷相當多技術背景和專業知識的人來執行；因此，戴上資料擁有者帽子的人，主要是工程師或具有工程背景的人。

資料管家（管理員）

在研究資料治理時，您會發現資料管家的角色看起來很重要，而這是有充分理由的：資料管家的任務包括基於業務面的資料分類，和基於資料自身屬性欄位的分類。對於要實施的任何治理類型，都必須定義和標記資料以清楚地識別該資料屬性，如敏感型、受到限制型或與健康相關等等。我們提倡使用術語「帽子」與「角色」的很大一部分原因，就是一般情況之下，很難找到單一個人來擔任資料管家的「角色」。「管理」資料的行為需要高度手動且極其耗時。事實上，我們採訪過的一家公司表示，曾有一段時間有一名「全職」資料管家，但幾個月後就辭職了，因為那位員工稱這份工作「浪費生命」。由於該角色的手動、耗時性質，再加上大多數情況下，沒有專職人士來履行管理職責，這些職責通常落在公司許多不同人員身上，或者落在擔任其他角色身上，而他們往往還履行其他職責。因此，完整的資料分類，不管是基於業務面或是基於資料自身屬性欄位的分類，通常都不盡理想，無法徹底完成，或者最壞的情況，就是根本沒有完成。這是一個需要注意的重要事項，因為如果缺乏管理，充其量只是不完整的治理。稍後將對此更深入探討，這裡仍須重申審視人員和流程的主題。大多數公司現在採用的許多治理流程，都是為了擺脫管理不足這一事實。正如第一章的概述，因為公司蒐集的資料面臨快速增長和擴展，導致資料量不堪重負，但公司根本沒有時間或專職人員，能夠對所有資料進行基於業務面的資料分類、基於資料自身屬性欄位的分類和標記資料，因此他們創建並利用其他方法和策略，「在有限情況下盡力而為」。

---

3 雖然關於資料治理的「經典文獻」經常區隔資料擁有者和資料保管人，前者主要是業務方面，後者則多在於技術方面，但在我們研究和採訪許多公司的過程中，發現實務這個「一體兩面」的角色經常混為一談，與資料所有權相關的實際任務往往落在具有技術專長的人身上。

資料分析師 / 資料科學家（使用者）

一般來說，談及資料的一些主要或關鍵用戶，通常是指公司內的資料分析師和資料科學家，並且在很大程度上是資料治理工作的對象。公司在資料治理、資料安全性與資料民主化之間掙扎。為了實現資料驅動決策，公司必須蒐集和分析大量資料，除非資料是敏感的並且應該限制存取，否則，可以向分析師和科學家提供的資料當然越多越好。因此，資料治理執行得越好，分析師或科學家就能夠更好也更安全地展開其工作，並提供有價值的業務見解。

商業分析師（使用者）

雖然資料分析師和資料科學家是資料的主要用戶或消費者，但公司的其他部門也有少數人在使用和查看資料。在數位轉型至更多資料驅動決策的過程中，公司有一些人坐在價值生成鏈的業務端，他們對分析師和科學家產生的資料分析結果非常感興趣。而當越來越多的公司業務人員想要提出問題，並希望透過資料處理可以幫助他們解惑時，資料分析師 / 資料科學家可能會要回答很多問題，以至於沒有時間一一回覆，或者繼續研究資料以產生新的洞見。因此，有些公司會讓資料工程師幫助創建和維護更簡單的分析平台，以協助業務端的用戶執行「自助服務」。藉此解決方案，業務同仁能夠直接即時地解答自己心中的疑問，而資料分析師 / 資料科學家亦能夠騰出時間，來回答更複雜的分析問題。

客戶支援專家（輔助型角色 / 使用者）

雖然客戶支援專家在技術上只是資料的「查看者」，但值得注意的是，擔任此角色的人需要存取一些敏感型資料，即使他們沒有任何處理這些資料的任務。就帽子而言，客戶支援專家確實傾向於將此作為他們的唯一職責，而不是同時做其他事情；然而，他們是資料的消費者，他們的需求，以及如何授予他們適當的存取權限，必須由執行公司資料治理政策的其他帽子來考慮和管理。

公司最高管理層（輔助型角色）

在許多公司中，最高管理層成員在資料治理政策的實際執行方面的任務有限。儘管如此，他們仍然是這項偉大治理計畫中的關鍵人物，因為他們「掌握著荷包」。正如之前所提到，在考慮成功的資料治理政策時，工具和員工人數是關鍵因素。因此，真正為該戰略提供資金的人，必須了解它並參與其中，使其成為現實的資金，是不變的道理。

外部稽核師（輔助型角色）

儘管外部稽核人員不屬於特定公司內編制，但本節也納入討論外部稽核人員的「帽子」。我們採訪過的許多公司都提到外部稽核人員在其治理策略中的重要性。僅僅「遵守」法規已經不夠了，公司現在經常需要證明他們具有合規性，這對治理策略和流程的採用方式有直接影響。通常，公司需要證明誰有權存取哪些資料，以及該資料所有不同位置和排列，也就是資料歷程。雖然內部工具報告通常可以幫助提供合規性證明，但是治理策略的設置方式和其傾向目標，會進一步幫助或阻礙製作此合規性文件。

資料豐富化及其重要性

正如本節開頭提到的，一個人可能身兼多職；也就是說，在一家公司執行包含資料治理策略相關的許多任務。從表 3-1 中的帽子列表和每頂帽子的冗長任務列表中很容易看出，這些任務都有機會或多或少無法確實地完成。

雖然有許多任務對於成功實施資料治理政策很重要，但可以說，最關鍵的任務是基於業務面的資料分類、基於資料自身屬性欄位的分類和標記。但如前所述，這些任務是手動且非常耗時的，這意味著它們的執行度很低。有句話說：「欲治資料，必先知之」。如果沒有適當的使資料豐富化，也是將元資料附加到其資料本身的過程，則戴著資料管家帽子的人就無法達成核心任務要求：適當資料治理。即使資料管家的這一中心任務非常關鍵，然而，更普遍的現象是，戴著資料管家帽子的人也經常戴隱私權統治者帽子和資料擁有者帽子，他們甚至可能還要戴著公司內另一個完全不同部門的帽子，如我們常見的業務分析師帽子。身兼多職導致可以完成的任務數量有限，因為一個人能做的事就是這麼多！而且在大多數情況下，許多讓資料豐富化的耗時任務都不在上述所談的列表中。

下一節將介紹多年來觀察到的一些常見治理流程。而在閱讀這些流程時，要記住的一件事是，帽子如何在這些流程的實際執行中發揮作用。本章後面將討論它們的相互作用。

流程：多元化的公司、多元化的需求和資料治理方法

值得注意的是，在圍繞著資料治理的人員和流程的討論中，沒有什麼可以一體適用的方法。如前所述，本節將開始研究一些廣泛的公司類別，概述他們的具體關注點、需求和注意事項，並探討這些問題如何與公司的資料治理方法相互作用。

要再次強調的是，沒有一體適用的治理方法；您需要制定能適應自身需求的計畫，無論這些需求是否會因為員工人數、蒐集的資料類型和您的行業而有所刪減。我們見識過太多不靈活的治理方法和框架，如果不符合它們的特定參數，則可能難以實施。希望透過探索那些需要納入考慮的因素，您能夠為自己創建一個框架，不僅符合您的治理需求和目標，並且符合公司現在位置，及未來您希望達成的目標。

傳統公司

傳統公司的定義是，已經存在相當長一段時間，並且大多數肯定擁有或曾經擁有本地端（on-prem）系統，通常是指許多不同系統，而它們帶來了許多問題。考量到資料治理這項工作所需的時間和工作量，往往導致它沒有徹底完成，或者根本沒有完成。此外，為了保持一致性，並且能最有效率地使用資料和資料分析，每個公司都應該有一個*中央資料字典*，定義和標準化在整個公司內使用的所有資料名稱、基於業務面的資料類別、基於資料自身屬性欄位的類別。許多傳統公司缺乏這種中央資料字典，因為他們的資料透過這些各種本地系統相互地傳送。一般情況下，這些本地系統及其中的資料與特定的分公司或業務範圍相關連。該分公司本身與駐留在業務系統其他線路中的資料無關。因此，每個系統和業務範圍最終都有一個字典，可能與任何其他業務範圍或系統不一致，這使得跨系統治理和分析幾乎不可行。

一個典型的例子是一家大型零售商，它有一個線上銷售系統，和另一個處理實體（線下）銷售的系統。公司從銷售中獲得的收入在這個系統稱為「營收」，但在另一個系統則簡稱為「銷售額」。而這兩個系統之間沒有使用相同的企業字典，如果公司管理階層試圖弄清楚公司的總收入為多少，相信誰都明白哪裡會出現問題。當相同的資料沒有附加相同的元資料時，幾乎不可能分析。在考慮敏感資料及其處理時，這會成為一個更大的問題。如果沒有如企業字典所述，在公司範圍內達成一致的術語，並且如果該術語未針對*所有資料來源*實施，則治理將變得不完整且無效。

雲端服務和巨量資料分析的力量，促使許多公司希望將他們的資料或部分資料遷移到雲端；但過去不一致的企業字典和隨意治理的痛苦讓他們猶豫不決。他們不想「重蹈覆轍」，不想簡單地複製所有當前的問題。雖然工具可以幫助糾正過去的錯誤，但還是不夠。公司需要（並且希望）一個框架，來說明如何移動他們的資料，並從一開始就對其適當管理，讓合適的人在正確的流程中工作。

雲端原生 / 數位化公司

*雲端原生*有時也稱為*數位化*，這種公司的定義是始終將所有資料存儲在雲端服務中的公司。雖然不是百分百保證，但一般來說，這些公司往往比較年輕，他們從未擁有過本地系統，因此從來不必將資料「遷移」到雲端環境。光憑這一點，就很容易理解為什麼使用雲端原生服務的公司，不會面臨與傳統公司相同的問題。

儘管使用雲端原生服務的公司不必處理本地系統和經常隨之而來的資料「孤島」，但雲端服務可能處理不同的雲之間，以及這些雲內部的不同存儲解決方案，因此它們仍然有自己的「資料孤島」問題。首先，正如我們所探索的那樣，集中式資料字典已經是一個挑戰，而擁有一個跨越多個雲的資料字典則更加艱鉅。即使建立了一個集中式的資料字典，在每個雲中使資料變得豐富，和治理資料的過程和工具可能會略有不同，如有些雲要求只使用某些工具。而這個特點會阻礙了一致性，如流程和人員方面，也從而阻礙了有效性。此外，即使在同一朵雲中，也可能存在不同的存儲解決方案，這些解決方案也可能帶來不同的資料結構，例如文件、表格與圖片。這些結構可能難以附加元資料，這使得治理變得更加困難。

就雲而言，特別是雲內的資料治理，使用雲端原生服務的公司往往從一開始，就建立起比較好的資料治理和資料管理流程。由於他們處理的資料「年齡」相對較小，因此整體資料量通常較少，並且他們更熟悉一些常見的資料處理最佳實踐。此外，根據定義，使用雲端原生服務的公司將*所有*資料都存儲在雲中，包括最敏感的資料，這意味著他們很可能從一開始就一直在雲中處理治理需求，就算不是*所有*資料，至少也會針對最敏感的資料很可能有一些流程上的管理。

零售業

零售業的公司是一個有趣的類別，因為它們不僅經常從自己的實體商店或線上商店獲取大量資料，而且還傾向於獲取和使用大量的第三方資料。在另一個例子中，資料治理的好壞取決於為其設置的流程和執行流程的人員。並且同樣適用於經常提到的創建和實施資料字典的重要性，以及圍繞如何獲取第三方資料、其資料可到達何處，以及如何應用治理的流程。

一個我們沒有討論，但非常適用於零售業的轉折案例，是超越資料簡單分類的治理。到目前為止，我們已經討論了對資料，尤其是敏感資料分類的重要性，以便可以了解資料並對其適當管理。儘管該治理通常與所述的資料處理和存取有關，但在某些情況下，資料存取和資料處理並不是唯一的考量點；該資料的使用案例也很重要。在零售業中，可能會蒐集特定類別的資料，例如電子郵件，目的是向客戶發送購買收據。在為了向客戶發送收據而存取此資料的情境或使用案例中，這是完全可以接受的。但是，如果訪問該資料只是為了向客戶發送一些與他們剛購買商品相關的行銷資訊，除非客戶明確同意將其電子郵件用於行銷，否則這樣的使用案例是**不可**接受的。現在，根據公司的員工結構，同一個員工可能會擔任許多不同角色，則這個問題可能無法單純以基於角色的存取控制來解決，即獲得存取權限以寄送收據，但不允許用於行銷活動。這樣的使用情境需要更複雜的治理流程，包括為資料類別建立使用案例。

傳統公司與零售業的結合

我們在客戶訪談中遇到的一個特別有趣的案例是，一家規模宏大的傳統零售公司，已營運超過 75 年，希望利用強大的資料分析工具成為一家更能以資料為驅動力的公司。

有趣的是，這樣的掙扎不僅在於其舊有的本地資料存儲系統，還在於圍繞著資料和資料管理的內部流程。

它目前將其資料分成幾個資料市集，旨在分配資料區段的責任：一個市集用於店內行銷、另一個市集用於第三方銷售等。然而，這對公司來說已經成為一個問題，因為不僅沒有企業字典方面的「集中式事實來源」，而且也無法橫跨多個資料市集以運行任何類型的分析，從而導致資料在個別資料市集中一再重複，因為分析只能在個別資料市集內運行。

回顧歷史，該公司非常專注於將所有資料保存在本地端。然而，隨著雲服務中安全性的提高，這種觀點發生了變化，公司現在正在試圖將其所有資料遷移到外部。藉由這樣的遷移工作，該公司不僅希望將其資料基礎架構從多個市集的分散式，更改為集中式的資料倉儲，而且還希望以此為契機，重組其圍繞著資料管理和治理的內部流程（見圖 3-3）。

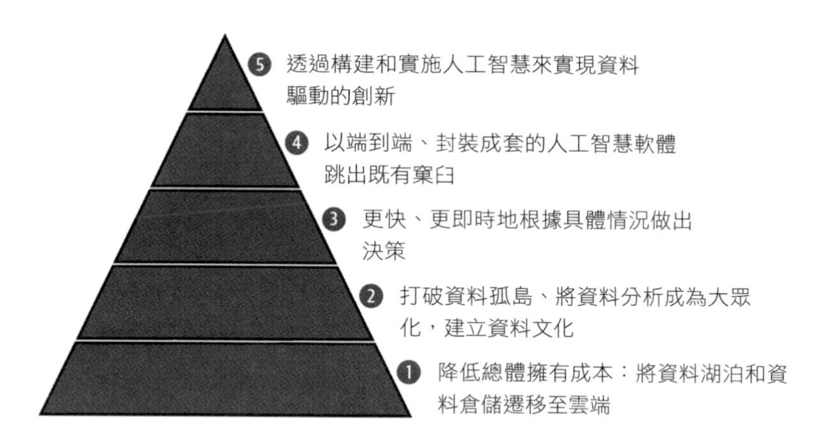

圖 3-3 透過重組內部流程以打破資料孤島，通常是企業將本地資料整合到雲端後的關鍵階段

資料集中化使公司擁有一個企業字典，並且允許對所有新資料，即敏感資料進行快速標記和相應處理。快速、輕鬆地處理敏感資料還可以實現更快、更輕鬆的存取控制，因為它們只需應用一次，而不是對每個資料市集個別地設定。這不僅節省了管理費用，而且還允許實施更為簡單操作的自助分析工具。對於那些非行業分析師的員工，透過正確的工具和資料存取設定，他們就可以自己執行一些簡易分析。然而，這個新穎的流程實際上只適用於新上傳的資料。

與許多擁有大量歷史資料的傳統公司一樣，這家公司正在努力解決如何處理已存儲資料的問題。它目前在本地端存儲了 15 年的資料量（約 25TB），雖然公司知道那裡有著大量資訊，但是當回報率仍未可知的時候，這些遷移、使其更豐富化和管理所有資料所需的時間和精力，乍看之下真的乎令人望而生畏。

受到高度監管的公司

受到高度監管的公司，表示處理的是極敏感資料，而這些資料不同於一般處理敏感資訊的流程，通常需要額外的合規性要求以滿足監管。金融、製藥或醫療保健服務的公司都是高度監管公司的例子。

受到高度監管的公司在處理多種敏感資料的時候，對於它們蒐集和處理的資料，不僅要兼顧基本的資料治理最佳實踐，還要兼顧其相關的額外法規，並且需面臨定期稽核，以確保公開透明和合規。由於它們必須從一開始就處理與其資料相關的合規性問題，因此通常也擁有比較好識別和敏感資料分類系統，並適當地處理這些資料，故而，許多受到高度監管的公司，其資料治理流程也會更加地成熟。

此外，對於許多這類型公司來說，它們的業務完全基於敏感資料，因此不僅從一開始就擁有更建全的流程，而且這些流程通常包括一個資金更充足、更成熟的組織，以及其成員來處理這些敏感資料。這些公司實際上往往有專門負責前面討論戴著每一頂帽子的人，而且正如我們指出的那樣，額外的員工人數可能是資料治理政策成功與否的決定性因素。

關於受到高度監管的公司，要說明的最後一點是，由於它們面臨法律方面的要求，因此也會面臨與傳統公司類似的問題，即難以遷移本地端的資料和嘗試新的工具。根據法規，任何將觸及敏感資料的工具都必須（完全）符合該法規的標準。例如對於那些處於測試階段的工具或產品，只有符合 HIPAA 標準，醫療保健公司才能使用。但是考量許多測試版的產品，它在前期導入和試錯時，本來就不是為了滿足最嚴格的合規性標準而設計的，因此測試版通常不合規。這意味著受到嚴格監管的公司通常無法試驗這些新工具 / 產品，因此很難轉移到更新、更好的，或可能比他們目前所使用更好的工具。

獨特的高度監管組織：醫院 / 大學

在討論受到高度監管的行業時，金融和醫療保健是最常提及的行業。但在與客戶的討論中，我們也遇到另一個面臨一些獨特挑戰的高度監管行業：醫院 / 大學。這些「公司」的獨特之處在於，它們從醫院蒐集大量臨床資料，但也通過大學贊助的研究蒐集並產生大量研究資料。

這類型的資料中，每一種都有自己特定的法規和標準以用於研究用途，例如，HIPAA 涵蓋臨床資料；對於招募而來參與研究活動的試驗者，機構審查委員會（IRB）也會保障其權利和福利。

我們採訪過的一家特定醫院 / 大學正在研究一種使用案例，即能夠對其臨床和研究資料進行二級分析。目前，它的資料有兩種主要的解決方案：一種用於臨床，一種用於研究。

對於其臨床管道，資料存儲在每家醫院的 Clarity 資料倉儲中，只有有權存取該資料庫的分析師才能運行分析。

對於其研究管道，大學內的每個「實驗室」都有自己的本地存儲，同樣地，只有有權存取該伺服器的分析師才能運行分析。可以看出，這種資料架構不僅不允許跨實驗室運行二級分析，而且也不能跨越臨床管道和研究管道以運行分析。

這家醫院 / 大學知道這些二級分析具有巨大價值，因此決定將其大部分臨床和研究資料遷移到雲端，以便將所有資料集中在一個中央位置。然而，為了做到這一點，需要做很多工作才能使資料符合醫療保健和研究法規。因此，醫院 / 大學創建了一個專門的團隊來致力於這項遷移工作；該團隊的職責包括以下任務：創建企業字典、使資料豐富化、審查敏感資料的存在、審查附加到資料的策略、對資料應用新策略以及採用檔案結構標準化。

幸運的是，對這個組織來說，它能夠為這樣一項精心設計的專案爭取到資金，但它仍在尋找使其流程自動化的方法。在雲端中，資料的遷移和設置只是其中一個障礙，未來的維護和管理資料存儲也需要付出相當地努力，因此，實現自動化的工具是該組織的首要考量點。

小型公司

考量我們的目的，我們將小型公司定義為員工少於 1000 人的公司。小型公司的好處之一是他們的員工足跡較小。

較小的公司通常擁有較小的資料分析團隊，這意味著實際上需要接觸資料的人較少，同樣意味著整體風險較小。管理資料的主要原因之一是確保敏感型資料不會落入有心人士之手。正如之前討論的那樣，存取控制和策略管理可能會變得越來越複雜，尤其是當資料使用案例等因素發揮作用的時候。而員工較少也使得策略設置和維護存取控制的過程更輕鬆、更簡單。

接觸資料的人較少，另一個好處是資料集的擴散也通常較少。作為工作的一部分，資料分析師和科學家會創建許多不同的資料集視圖和連接，以組合不同資料來源的資料表。這種激增的資料，使得很難追蹤資料的來源和去向，更不用說誰之前或現在是否可以存取資料。至於更少的資料分析師 / 科學家，則意味著更少的資料集 / 資料表 / 資料連接，而使得資料更容易追蹤，從而也更容易管理。

大型公司

雖然還有其他公司類型，但我們對廣泛類別的探索將結束在大型公司，這裡的定義是擁有超過 1000 名員工的公司。

如果小公司擁有處理較少資料的治理優勢，那大公司則相反，因為它們經常處理*大量*資料。大公司不僅自己產生大量資料，而且經常處理大量的第三方資料。這導致他們很難適應這一切；他們被資料淹沒，甚至常常難以管理其中的一部分。因此，只有一些資料得到豐富化和整理，這意味著他們只有其中的部分資料能夠用於驅動洞察力。

大公司通常會透過精挑細選過的資料，來使其豐富化、管理和治理，並且由此制定的流程以限制不堪大量資料負荷的情況。資料管家藉由使資料豐富化以限制資料的一個常見策略，是選擇多個類別並僅管理屬於這些類別的資料。另一個策略是只管理已知的資料渠道，這裡指的是那些公司處理的主要資料，例如銷售通路回報的每日營業額；和僅在時間允許或絕對必要時，處理「臨時」的資料渠道，也就是有時要求工程師創建的*全新*渠道，以解決一次性或不頻繁的資料分析使用案例。

我們稍後將更深入地討論，但很容易看出這些策略會產生一種資料冰山，其中豐富*已知的*、精選的資料位於冰山頂部，而在其下方是，即是主要但未經過豐富化的資料，因此*不為人知*。公司不知道這些資料是什麼，也就表示無法治理，而這些不受治理的資料非常可怕，可能是敏感、不合規的資料，如果遭到洩露，也許會導致可怕的後果。這引起極大恐懼，並迫使有這個問題的公司使用策略來幫助降低風險。

大公司不僅處理巨量資料，而且往往擁有更多的資料分析師、資料科學家和資料工程師；他們都需要存取資料來完成工作。更多的資料，加上更多需要存取資料的人，導致圍繞著存取控制的過程變得更加複雜，並且通常管理不善。存取控制通常是基於使用者的角色，並且當下使用者的角色應該要確定他們需要存取的資料，並且只能是該資料。這個策略看似簡單，但實施起來卻很困難，主要有兩個原因。首先，為了了解哪些資料對特定用戶的角色至關重要，資料必須是已知的；但從本書之前的討論中可知，一家公司擁有的大部分資料都是未知的。這不僅會導致無法治理，因為誰都不可能治理那些不知道的東西，還會導致無法知道哪些資料適合誰。然而，資料專家仍然需要完成他們的工作，因此通常以風險為代價授予（過多的）存取權限。公司試圖透過創造一種「安全文化」來抵消這種風險，這種文化讓員工有責任做正確的事，而不是暴露或濫用潛在的敏感資訊。基於角色的存取控制，另一個問題是該角色及其對資料的後續用途並不總是黑白分明的，還必須考慮資料的實際使用案例。根據公司的不同，具有相同角色的使用者可能得以將資料用於某些使用案例，而不能用於其他使用案例，例如前述的零售業例子。正如第二章所述，在資料治理政策創建期間，添加使用案例作為參數有助於緩解此問題，之後也將深入介紹。

與傳統公司一樣，大公司也經常處理許多不同存儲系統的問題，其中大部分是舊有的系統。大公司往往隨著時間推移而擴張規模，也隨著時間推移而出現更多資料和更多存儲系統。我們已經討論了不同存儲系統的孤立性質如何使治理變得困難。除了不同的存儲系統會自然產生的資料孤島，大公司還有另一個導致更複雜「資料孤島」的因素：收購其他公司。

有時候，大公司完全是由內部所建立慢慢茁壯起來的；但其他時候，公司有可能藉由收購行為而成長。當公司收購其他較小的公司時，也會收購他們的所有資料及其底層存儲系統，這會帶來一大堆潛在問題，主要是被收購公司如何處理其資料，以及其整體治理流程和方法。這包括公司未來如何管理其資料：資料分類方法、是否已有企業字典、圍繞著存取控制的流程和方法，以及其整體隱私性和資料安全文化。基於以上這些原因，許多大公司發現幾乎不可能結合他們的中央治理流程與其收購公司的流程，這通常會導致收購的資料只是存儲在系統之中而不用於分析。

人員和流程：考慮因素、問題和一些成功的策略

我們已經概述了參與各種公司的不同人員，以及不同公司類型所使用的一些特定流程和方法。

很顯然地，人與流程之間存在著協同作用，並且其中存在一些考慮因素和問題。我們將回顧觀察到的幾個問題，並概述所見的一些策略。在這些策略中，合適的人員和流程將共同地帶領成功的資料治理政策實施。

考慮因素和問題

針對實施成功的資料治理政策，這當然不是一份所有潛在問題的詳盡清單；而只是強調我們觀察到的一些最重要問題。在此，僅簡要說明為解決這些問題所做的緩解措施；本節的後半部分將更詳細地討論這些內容。

「帽子」與「角色」和公司結構

之前有討論過，我們有意使用「帽子」與「角色」這兩個術語，以及身兼多職對資料治理流程的影響。為了進一步擴展這個想法，帽子與角色的另一個問題是責任和當責性，兩者之間不是那麼明確。在查看不同公司為實現治理而採用的不同方法時，一個潛在的需求是讓實際人員對該過程的各個部分負責。當執行流程的一部分顯然是某人的工作時，釐清責任很容易，但是當一個人的職權範圍內的界限變得模糊時，這些模糊的界限通常會導致不盡理想的工作成果、溝通不順暢和整體管理不善。很明顯地，成功的治理策略不僅取決於角色，還取決於任務，以及誰來對這些任務的成果負責，或當責性。

內部才懂的知識和領域專家（SMEs）

在與客戶談論他們在資料治理方面的痛點時，我們反覆聽到的一件事是他們需要可以幫助分析師找到哪些資料集是「好的」工具，以便當分析師搜索資料時，可以知道這個資料集的品質最佳，並且對他們的使用案例最有用。這些公司表示，這將幫助他們的分析師節省搜索「正確 / 最佳」資料集的時間，並幫助他們進行更好的分析。目前，大多數公司的分析師透過口耳相傳或是那些只有內部自己人才懂的知識，來判斷應該使用哪些資料集，而這對公司來說明顯是一個問題，因為在治理流程中負責某項任務的角色有可能會變更、員工可能會離職等。因此，公司需要一個「外包」功能，例如允許分析師評論或對資料排名，以幫助對這些資料集標記一個「有用的」的分數，供其他使用者在搜尋資料集時可以參考。這個建議並非毫無價值，也表示資料集在可查找性和品質方面的更大問題。即公司依靠使用者來理解資料集的有用性，並讓這些知識在使用者之間轉移，但這種策略容易出錯且可能難以擴展。這就是工具可以在流程中對使用者產生幫助，或減少或抵消特定使用者付出血汗的地方。例如，一種可以檢測最常用資料集並在搜索中優先顯示這些資料集的工具，可以大幅度減少對「只有內部才懂的知識」和領域專家（SMEs）的依賴。

資料的定義

無論是何種類型的資料，*所有*公司都希望能夠蒐集越多越好，以用於推動明智的業務決策。他們確信，更多的資料以及對這些資料可以運行的分析，其中可能會產生關鍵的洞察力，而這些洞察力將有可能使他們的業務迅速發展。然而，問題是必須先*了解*資料，才能正確地使用資料。除了必須知道表格中某一行中的字母、數字或字元的含義，現在，*還必須*知道這些數字、字母或字元，在本質上是否代表敏感的資訊，因此需要以特定方式處理。使資料豐富化是「了解」資料的關鍵，但它主要是一個手動的過程。通常需要人員實際地查看每條資料以確定它的內容。正如之前所討論的，這個過程本身很麻煩，當考慮到不同資料存儲系統、不同資料定義和資料目錄的額外複雜性時，這幾乎是件不可能任務。這項「不可能」的工作也可以說代表永遠無法完成；而這使得公司爭先恐後地使用一些工具，並實施一些半吊子策略以求彌補，並且希望藉由教育員工在某種程度上*應該*如何對待和處理資料就足夠了。

傳統的存取方式

某些使用者 / 角色可以存取資料，而另一些不能存取資料，像這樣的簡單存取控制日子已經一去不復返了。回顧過往歷史，甚至沒有多少使用者或角色*需要*查看資料或與資料互動，換言之，這意味著公司只需要授予一小部分員工對資料的存取權限，並且只有初次存取時需要設定權限，不用每次授予。然而，如本章開頭所示，在當今資料驅動的業務中，許多使用者可能需要以各種方式接觸資料。每個帽子都有不同類型的任務，並且這些任務的執行可能取決於該資料的不同級別存取權限和安全執行權限。

我們已經討論未知資料本質上的問題；另一個層面是資料存取控制的實施。了解哪些資料*需要*存取限制，和了解哪些用戶應該有哪些限制之間存在的協同作用，請記住，必須先知道資料才能管理。正如第二章所討論的，從對純文字檔案的存取，一直到對雜湊檔案內容或聚合資料的存取，都存在著不同級別的存取控制。

圍繞著存取控制的另一個複雜問題是使用者訪問資料的*意圖*。有應該授予存取權限的使用案例存在，以及應該嚴格地拒絕存取的使用案例。我們不只聽到一家公司說過客戶送貨地址的典型例子。想像一下，客戶剛買了一組新沙發，店家記下他們的地址，以在之後送貨，負責履行運輸訂單的使用者無疑地應該能夠訪問此地址資訊。現在假設公司對這位剛剛購買沙發的客戶促銷對應的沙發套，公司想向客戶發送一份行銷傳單，讓他們了解這次促銷活動。而且，可能處理運輸資料的使用者，也恰好地負責處理行銷資料（還記得帽子嗎？）如果客戶選擇退出促銷郵件，則此範例中的使用者將無法發送行銷活動，即使他們可以存取該資料。這意味著存取控制和策略需要足夠敏感度，不僅要考慮到針對特定使用者的「獲取 / 未獲取存取權限」規則，還要考慮使用者使用該資料的目的。

合規性

公司面臨的另一項挑戰是遵守法規。一些法規，例如金融和醫療保健行業的法規已經存在很長一段時間，正如之前所指出的那樣，處理此類資料的公司往往有更好的治理策略，主要原因有兩個：一，他們處理這些法規已經有一段時間了，並且已經建立解決這些法規的流程；其二，這些法規已經相當成熟，而且沒有太大變化。

然而，資料蒐集的激增卻帶來了新的法規，例如 GDPR 和 CCPA，旨在保護所有個人資料，而不僅僅是最敏感的健康或財務資料等。不僅僅是監管嚴格的公司，現在各行各業都必須遵守這些新規定，否則將面臨嚴重的財務後果。對於之前不用遵守特定法規的公司來說，過往在建立資料基礎架構時可能不用面臨這個問題，因此現在這變成一項艱鉅工作。例如，GDPR 的主要組成部分之一是「被遺忘權」，即個人有權要求公司刪除其蒐集的所有資料。如果公司沒有設置一個方式，可以查找用戶個人資料的所有排列組合，該公司將很難符合法規。因此，從找到正確資料以分析的角度，和從找到正確資料以刪除的角度，兩者都可以看出「可查找性」的重要。

個案研究：隱含勝負結果的指標及其對資料治理的影響

在處理法規和合規性時，請注意人為因素。華盛頓特區的學校系統中，有一個相關案例研究在引入指標時，應如何考慮大眾對這些指標的反應。2009 年時，華盛頓特區引入一個名為 IMPACT 的新排名系統，並且透過該系統評估教師，給出分數。該系統旨在提拔「優秀」教師並普遍地改善教育，它甚至進一步允許解僱「低分」教師；但實際上，這並沒有達到預期的效果。

該排名系統是基於一種將學生考試標準化，並將成績納入考慮的演算法，它的基本假設是「優秀」教師教到的學生，考試成績應該會逐年提高。然而，排名系統不包含考慮社會和家庭環境，也不包含來自受控組的任何類型回饋意見或相關訓練。

實施該系統的結果是接受評鑑的老師會因這些標準化測試的結果而慘遭解僱，但沒有考慮擔任管理職人員的反饋。這樣的系統所帶來直接的反應是，老師將重點放在如何通過標準化考試上，而不是授課科目的基本原理上。這導致老師只要教出會考試的學生，就能獲得更高的評鑑分數和晉升機會；但遺憾的是，它沒有辦法讓學生變得更優秀。

事實上，2018 年時，市政府委託的一項調查顯示，2017 年畢業的學生中有 1/3 在曠課的情況下獲得文憑。在系統受到質疑，且對演算法的使用情況和有用性進行詳細說明後，學校最終在 2019 年「重新考慮」是否要繼續使用該系統[4]。

從這個過程中我們學到的教訓是，儘管教師工會和學區的管理職人員應該很容易就動機達成一致，如改善教學、提拔優秀教師等，但卻無法落實。引入任何新流程的正確方法，首先是與會受影響的人討論，並將其反饋牢記在心中且採取行動。而第一次運行該流程時需作為試驗，將其結果透明化並公開討論，如果它沒有按預期工作，則願意調整。

不同程度成功的流程和策略

儘管人員和流程方面的問題很多，仍可觀察到一些已實施並取得不同程度成功的策略。這裡將探討其中一些，本書後半部分會更深入探討如何實施這些及其他策略，以取得更成功的資料治理成果。

4 Perry Stein，〈校長承諾審查 D.C. 有爭議的教師評鑑系統〉（Chancellor Pledges to Review D.C.'s Controversial Teacher Evaluation System），《Washington Post》，2019 年 10 月 20 日（*https://oreil.ly/dsHK3*）。

存儲系統中的資料隔離

我們已經回顧了由多個資料存儲系統引起的一些問題；然而，一些公司仍可以使其有利和比較系統化的方式，使用多個存儲系統，甚至在同一個存儲系統中使用不同的存儲「區域」。他們的流程是將精挑細選過 / 已知的資料，與沒揀選過 / 未知的資料分開。要做到這一點有很多種方式，以下兩種是常見的流行策略。

第一個策略是將所有未整理的資料保存在本地存儲系統中，並將整理過、可用於分析的資料推送到雲端。公司從這一策略中看到的好處是，如果只將已知、乾淨和經過整理的資料轉移到公有雲上，若懷有惡意或者操作失誤的人洩露資料，其受影響的「爆炸半徑」範圍和潛在風險將大幅降低。先說清楚，公司經常表示完全不信任雲端安全，這並不是主要問題，雖然也有可能多少有影響；如果資料放在公共雲而非本地環境的話，他們擔心自己的員工可能會在無意中洩露資料。

圖 3-4 是資料存儲在本地端和雲端的範例。如您所見，儘管兩個存儲系統都有結構化資料集，但只有雲上的資料集使用元資料以對自身豐富化，因此得到了適當的治理控制，也就是本範例中雜湊化的那一行。至於本地資料集雖然具有相同的資訊，但因尚未經過整理或使其豐富化，所以並不知道第一行是指信用卡號，第二行中的字詞是客戶姓名等；一旦這些行整理過並附加適當的元資料，也就是信用卡號、客戶姓名等，就可以將治理控制附加上去，這樣即使洩露資料，也是受保護的版本而非純文字形式。

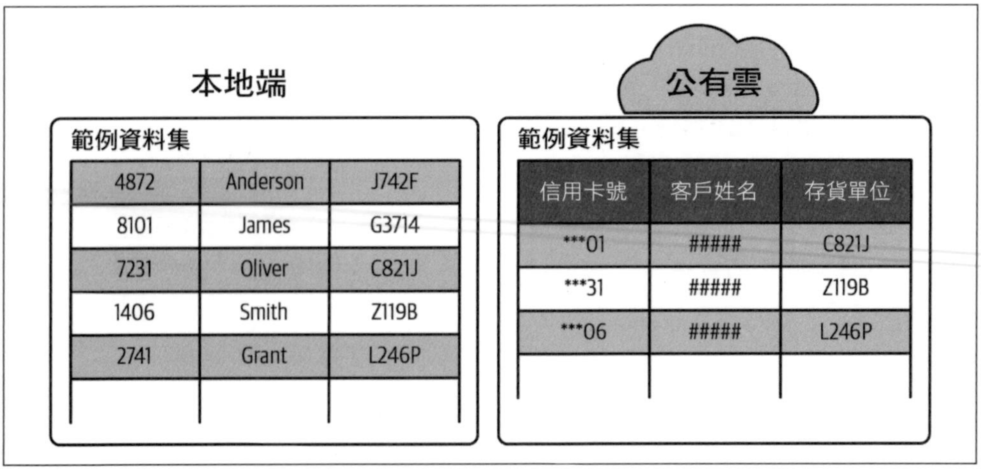

圖 3-4　本地端和公有雲中，豐富化與未經豐富化的資料集

正因如此，這種策略的一個明顯好處是，如果敏感資料僅駐留在本地，就只有公司內部的人會導致資料洩露或錯誤存取的風險。另一方面，如果相同的敏感資料位於公有雲中，一旦資料洩露或駭客入侵，則任何人都可能得以存取。

然而，這種策略有一些缺點。首先，當資料以一些駐留在本地，一些駐留在雲端的方式分離時，跨存儲系統的資料不僅很難分析，更需花費巨大的時間、金錢成本以搬運資料才能完成。由於蒐集如此大量資料的主要驅動力之一是能夠運行強大的分析，因此阻礙這一點似乎適得其反。另一個缺點是隔離措施還需要保養這些多個存儲系統和資料渠道，更不用說創建、維運和實施額外的存取控制。隨著時間過去，要正確管理及維持最佳狀態都很難。

第二種策略與第一種策略相似，也是將已整理和未整理的資料分開，但是在同一個雲端環境中完成。公司在雲端環境中創建不同的分層或區域（如表 3-2 所示），並基於這些分層或區域存取。底部的未整理區域只能由少數使用者存取；而最上面的區域存放的已整理、清理或敏感資料，則是任何使用者都可以存取。

表 3-2　雲存儲中的「資料湖泊」具有多個分層，顯示每一層中駐留的資料類型，以及具有存取權限的人員

	資料類型	存取
見解區域	了解、豐富、整理和清理資料。資料還可能具有加密、雜湊、編輯等治理控制。 範例：標籤良好、結構化的資料集。	最高級別的存取權限。就算不是全部，也是大多數資料分析師 / 科學家和其他用戶角色
暫存區域	更多已知的結構化資料。來自多個來源的資料可能會在這裡加入。這也是資料工程師準備、清理資料，並準備好將其放入見解區域的地方。	更多存取權限。主要是負責整理資料集以分析的資料工程師
原始區域	任何類型的資料。通常指非結構化且未經處理的資料。也包括影片、純文字檔案等。 範例：影片檔、非結構化的資料集。	非常受限制的存取權限。可能是少數人或只是一個管理員

顯然地，這種策略的優點和缺點幾乎與前一個策略相反。這種策略下，存儲系統、資料渠道以及策略的管理和維護都在一個系統之中，這使其保持最佳狀態變得更加地直覺、簡單。當面臨分析需求時，不再需要試圖跨越多個存儲系統以運行分析，或者將資料從一個存儲系統移動到另一個存儲系統只為了處理需求，這個策略使其都可以在一個中央存儲系統中運行，資料分析起來會更容易。

正如我們所指出，駐留在公有雲中的所有資料確實存在洩露到公開網路上的潛在缺陷，無論是有意為之還是無心之過，而這無疑是令人擔憂的原因。

按照業務範圍劃分的資料隔離和所有權

正如先前多次提到的，使資料豐富化是成功資料治理的一個關鍵挑戰。原因很多，但主要是因為付出努力的程度，和缺乏對於當責性 / 所有權。

對於公司處理這個問題的方式，我們觀察到的其中一種是按照業務範圍分離資料。在此策略中，每個業務範圍都有專人專門針對該資料進行治理工作。雖然這通常不是以角色為主所描述的任務，但實際上每個業務範圍都對其所擁有的業務類型有深刻了解，並處理資料渠道上的流入 / 流出、使資料豐富化、存取控制和治理策略的實施 / 管理以及資料分析。根據公司的規模和每個業務範圍內資料的複雜性，這些任務可能僅由一個人、少數一些人或者一個大型團隊負責處理。

這個流程非常容易成功，原因在於：首先，對任何「團隊」而言，它們必須掌握的資料量比較少。團隊無需查看和管理公司的整體資料背景故事，只需了解和處理其中的一部分。這不僅可以減少工作量，還可以更深入地了解該資料。並且，針對資料有更深入的知識可以帶來很多優勢，其中一些優勢是能更快地使資料豐富化，以及運轉更快、更強大的分析。

這個流程成功的第二個原因是：資料是明確的、可識別所有權的和當責性：當出現問題或需要更改時，例如添加新的資料來源，或實施新的合規政策。如果沒有明確的資料問責制和責任制，就會很容易丟失、遺忘資料，或更糟，管理不善。

圖 3-5 顯示不同業務範圍進入中央存儲庫的流程範例。如您所見，在這個範例中，零售店銷售、市場行銷、線上銷售和人力資源相關資料，不僅都輸入到企業中央資料存儲庫，而且它們也由該存儲庫所提供。

為了讓您了解不同的關鍵帽子及其在各個業務範圍中的任務，讓我們以市場行銷為例，這個業務範圍裡有資料擁有者、資料管家和商業分析師的帽子。

資料擁有者不僅設置和管理該業務範圍中的資料渠道，亦同時管理對新資料渠道和資料蒐集來源的請求。他們還執行監控、故障排除和修復任何資料品質的問題，以及實施公司治理政策和有關策略的任何技術方面任務。

資料管家是該業務領域的**領域專家**（SME）；知道這裡的資料內容、意義、應該如何基於業務面的資料分類，和基於資料自身屬性欄位的分類、以及哪些是敏感資料、哪些不是。他們還充當其業務範圍與公司的中央管理機構之間的聯絡窗口，以了解最新的合規性和法規，並負責確保其業務領域中的資料合規。

最後，商業分析師是該業務領域中判斷資料對於業務影響方面的專家。他們還負責了解手中資料該如何在企業內更廣泛應用，並負責傳達業務領域中的哪些資料應該用於企業分析。此外，針對該特定的業務領域，分析師也需要知道應該蒐集哪些額外 / 新的資料，以幫助回答當前或未來的任何業務問題。

從這個例子中，您可以看到每頂帽子如何僅針對這一業務領域具有其角色和任務，以及針對這些任務的拆解，是如何導致治理專案流程 / 實施的效率不足。

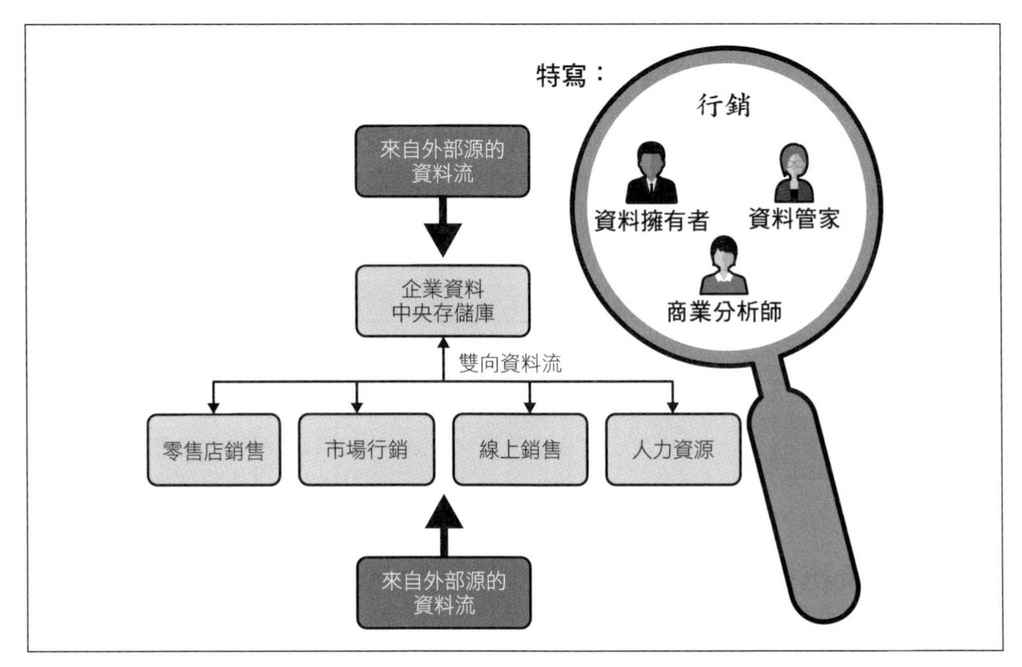

圖 3-5　擁有 4 個業務範圍及其資料入口 / 出口的的企業流程圖，以及針對一個業務範圍，即關鍵帽子的特寫

這個過程雖然成功，但也有一些缺點。最主要是按照業務範圍分離資料時，會催生出資料孤島；而且，這樣的設置方式會抑制跨公司的資料分析。

最近，我們與一家處理這個確切問題的大型零售業公司合作。這是家擁有超過35萬名員工的美國大型零售商，為了更有效處理蒐集而來的海量資料，而將其資料劃分為多個業務範圍，包括空運、陸運、零售店銷售和市場行銷等。以這種方式盡可能地分離資料，使公司能夠將特定資料分析團隊分配給每個業務範圍，從而可以更快地豐富其資料，使其能夠應用治理策略來幫助遵守 CCPA。然而，當公司開始想要跨越不同業務範圍以運轉分析時，這種策略就產生了問題。先前為了分離其資料，該公司創建了基礎架構和存儲解決方案，其中包含直接將資料「只」送到某個業務領域的資料渠道。這裡不會深入地探討資料渠道，但簡而言之，將資料「降落」在某一個存儲解決方案中是一種常見的做法，因為複製資料並將其傳輸到其他存儲區域的成本高昂且難以維運。由於特定資料僅駐留在某一個存儲區域 / 資料孤島中，因此該公司無法跨業務範圍以運轉分析，也就無法查看空運與零售店銷售之間可能出現的模式（圖 3-6）。

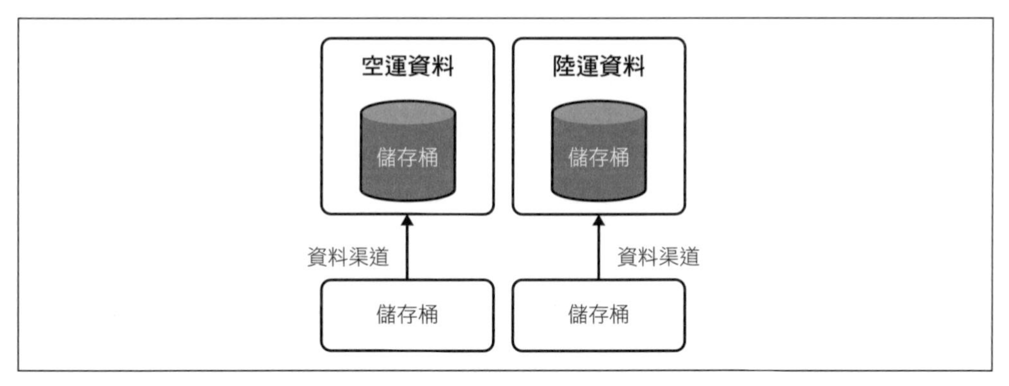

圖 3-6　如前所述的範例，零售業公司有兩個資料孤島：空運和陸運，每個孤島都有自己的資料渠道，並將這些資料存儲在各自的存儲桶中，這意味著分析只能在孤島內運轉，除非複製該渠道的資料，並透過另一個渠道傳輸到另一個孤島內。

這種按業務範圍劃分的流程，可以幫助當責性和釐清應負的責任，因此算不上是一個糟糕的策略。雖然它很明顯地存在缺陷，但也有一些方法可以讓它更成功，本書之後將詳細介紹。

建立資料集的「視圖」

許多公司會採用這個經典策略：創建資料集不同的「視圖」。如表 3-3 所示，這些視圖實際上只是同一資料集或資料表的不同版本，並且已經清理或者移除敏感資訊。

表格 3-3　資料的 3 種可能不同類型「視圖」：分別是純文字、帶有經雜湊化的敏感資料，和隱藏起來的敏感資料

明文顯示的客戶姓名	雜湊過的客戶姓名	隱藏的客戶姓名
Anderson, Dan	Anderson，#####	********
Buchanan, Cynthia	Buchanan，#####	********
Drexel, Frieda	Drexel，#####	********
Harris, Javiar	Harris，#####	********

這是經典且有用的策略，因為它幾乎允許任何人在「乾淨的」視圖，也就是那些行以雜湊化顯示或刪除敏感資料的視圖上輕鬆、無憂地運行分析。它消除了存取和使用敏感資料的風險。

雖然這種策略有效，但從長遠來看，由於多種原因它是有問題的。首先是創建這些視圖需要付出相當多的血汗時間和人力。乾淨的視圖必須由有權存取所有資料的人手動創建。他們必須進入並識別包含敏感資料的任何行、列或欄位，並決定應如何處理它們，是要將其值雜湊化、聚合還是完全刪除等。然後他們必須創建一個全新的資料集 / 資料表，其中包含這些處理過的資料，並使其可用於分析。

第二個問題是，隨著匯入更新的資料至系統中，需要不斷創建新視圖。這不僅會導致花費大量時間和精力以創建「更新的」視圖，還會導致難以管理的資料集 / 資料表的激增。一旦創建（並重新創建）所有這些視圖，就很難知道哪個是最新版本，或應該使用哪一個版本。除此之外，舊有的資料集 / 資料表通常不能立即棄用，因為某些情境之下可能需要特定的資料。

雖然視圖在幫助存取控制方面取得一些成功和優點，但我們將提出並討論一些可見的策略，這些策略不僅更易於管理，而且隨著公司蒐集越來越多的資料，也能擴展得更好。

隱私權和安全性的文化

我們要討論的最後一個流程，是建立隱私權和安全性的文化。雖然每個公司和員工當然都應該尊重資料隱私權和其安全性，但深思熟慮和實施該策略的方式，確實是建立良好且成功資料治理政策的一個特殊因素。

第九章會用整整一個章節來介紹建立成功資料文化的策略；這裡先簡短介紹這個概念，要注意的是，當組織內出現以下其中一個以上的情況時，公司就會被迫需要認真地審視他們的資料文化，並努力地實施既新且會成功的資料文化：

- 治理 / 資料管理工具無法充分地發揮作用。表示這些工具本身無法提供公司所需關於治理的所有「功能」。
- 人們正在存取他們不該存取的資料，或者無論有意還是無意的，以不適當的方式使用資料。
- 人們沒有遵循已經實施的流程和程序；一樣，無論有意還是無意。
- 公司知道這樣不符合治理標準 / 資料合規性，卻不知道如何補救。但他們希望員工有意做「正確的事」會有所幫助。

可以肯定的是，本章節已經非常詳細地介紹了治理工具、相關人員以及可遵循的流程。這裡可以看出將最能顯現這一切重要性的，就是工具、人員和流程。若是只存在其中一、兩項，都不足以實現*成功的*治理策略。

正如前文列出的 4 個原因所證明的那樣，儘管一些工具、一些人員和幾個流程已經到位，但仍可能存在一些差距。

這就是一切必須融合之處，在一種集體的*資料文化*之中，這種文化需包含並體現公司的思考模式，並且執行其治理策略的方式。這個思維涵蓋它將使用的工具、需要的人員以及將所有這些整合在一起的確切流程。

總結

本章回顧了不同類型公司在資料治理人員和流程方面的多種獨特考量。並介紹公司普遍會面臨到的一些問題，以及我們所見一些已經實施，並取得不同成功程度的策略。

從這章的討論中應該可以清楚得知，資料治理不僅僅是工具的實施，而是整個流程和相關人員的綜合考量；雖然它可能因公司或行業別而略有不同，但整體而言，想要有成功的資料治理，資料治理方案是重要且必要的。

處理資料的流程為何？關鍵在於，從一開始的處理和分類資料，到如何不斷地（重新）基於業務面的資料分類，和（重新）基於資料自身屬性欄位的分類，以及誰來做這項工作並對此負責，*再加上*能夠高效且有用地完成這些任務的工具。如果沒有這些要素的話，則資料治理無法成功。

第四章

資料生命週期中的資料治理

在前面的章節中，我們介紹了治理及其含義、以及人員和流程方面是如何與治理有關，使治理成為現實的工具和流程。本章將匯集這些概念，並提供一種資料生命週期方法，以便您在組織內可實施資料治理。

您將了解資料的生命週期不同階段與管理、在資料的生命週期中應用資料治理、制定資料治理政策、每個生命週期階段的最佳實踐、適用範例以及實施治理的考慮因素。對於某些人來說，本章將驗證您已經知道的內容；對於其他人，它將幫助您思考、播下知識的種子，並考慮如何在您的組織中應用這些知識。本章將介紹和解決許多概念，能幫助您開始實現治理的旅程。在詳細地談論治理之前，我們將先專心理解資料生命週期管理及其對治理的意義。

什麼是資料生命週期？

定義資料生命週期理論上應該很容易；但實際上，它相當地複雜。如果您查看資料生命週期及其各階段的定義，您很快地就會意識到它因作者和組織而異。老實說，無法用一種正確的答案來思考一段資料所經歷的不同階段；然而，我們都同意，所定義的每個階段都具有某些重要的特徵，而這些特徵對於區分不同階段的差異很重要。隨著資料在資料生命週期中各個階段的移動，這些階段的不同特徵會讓思考治理方式也有所不同。本章將資料生命週期經歷的階段順序，定義為一段資料從其初始生成或捕獲，直到在其使用壽命結束時的最終歸檔或刪除。

很重要的一點是，這個定義試圖捕捉資料所經歷的本質；然而，並不是所有資料都會經過生命週期內的每個階段，這些階段單憑邏輯而定，並不是實際的資料流。

組織中常使用的資料分別為*交易用途*以及*分析用途*。本章主要關注分析用途的資料生命週期，從資料引入平台一直到分析、視覺化、清除和存檔。

*交易系統*是經過優化以運行日常交易操作的資料庫。這些經過完全優化的系統，允許大量使用者同時湧入系統和各種交易類型。儘管這些系統會生成資料，但大多數系統並未針對運行分析流程以進行優化。另一方面，*分析系統*往往經過優化以運行分析過程。這些資料庫存儲著來自各種來源的歷史資料，包括客戶關係管理（CRM）、物聯網感測器、日誌、含銷售、庫存的交易資料等等。這些系統允許資料分析師、商業分析師，甚至是管理人員針對存儲在分析資料庫中的資料運行查詢和生成報告。

如前所述，交易資料和分析資料可能具有完全不同的資料生命週期，具體取決於組織選擇的工作內容。也就是說，對於許多組織而言，交易資料通常會移至分析系統以供分析，因此將經歷下一節中將概述的資料生命週期各個階段。

在資料的整個生命週期中，為了優化用途和最大限度地減少錯誤的可能性，適度的監督將是至關重要的一件事。因此，資料治理就是讓資料發揮其商業價值的核心。為了實現資料治理並使其最佳化，需要在整個資料生命週期中地定義此流程。而且由於每個階段都有不同的治理需求，這最終有助於資料治理的使命。

資料生命週期的各個階段

如前所述，您將會看到以多種不同方式表示的資料生命週期，這之中沒有對錯之分。無論您選擇為組織使用哪種框架，它都必須能夠指導您實施流程和程序。如圖 4-1 所示，資料生命週期的每個階段都有不同特徵。本節將按照我們定義的方式瀏覽生命週期的每個階段，深入研究其後的含義，並在您考慮治理時逐步地了解每個階段的含義。

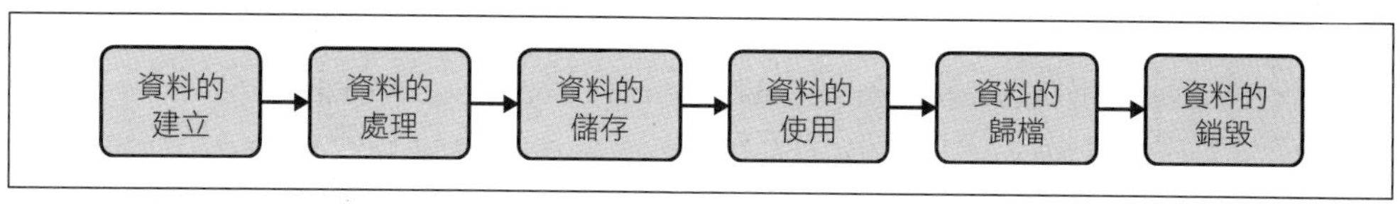

圖 4-1　資料生命週期的各個階段

資料的建立

資料生命週期的第一階段是資料的建立或捕獲。因為資料往往是從多個來源所產生的，所以可能格式各異，例如結構化或非結構化資料；而且產生的頻率也有所不同，像批次或者串流。當需要蒐集資料時，客戶可以選擇使用現有的資料連接器、構建「提取－轉換－載入」（ETL）的資料渠道，或利用第三方攝取工具，將資料載入到資料平台或存儲系統中。至於描述資料的資料，也就是元資料，也可以在這個階段創建和捕獲。在這裡，您會注意到**資料建立**和**資料捕獲**這兩個名詞可以互換使用，主要依據為資料來源，創建新資料時稱資料建立，將現有資料匯入系統時則稱資料捕獲。

第一章曾提過資料生成的速度呈指數級成長，IDC 預測到 2025 年全球資料量將成長到 175 ZB[1]。這是一個巨大的數字！至於資料的建立，通常可歸類為下三種方式：

獲得資料

　組織獲得第三方組織所生成的資料

輸入資料

　組織內的人員或設備手動輸入新資料

捕獲資料

　捕獲組織中的各種設備，例如物聯網感測器等所產生的資料

1　Andy Patrizio，〈IDC：預計到 2025 年全球資料量將達到 175 ZB〉（IDC: Expect 175 Zettabytes of Data Worldwide by 2025），《Network World》，2018 年 12 月 3 日（*https://oreil.ly/Ug56j*）。

值得一提的是，上述這些資料的生成方式，每一種都帶來了重大的資料治理挑戰。例如，從組織外部獲取的資料該進行哪些不同的檢查和平衡？對此，可能有合約和協議，明確地規定了企業可以如何使用這些資料以及用途。此外，對於可以存取該特定資料的人員也可能存在著限制。所有這些都為治理提供考慮因素和可能後果。本章稍後也將研究如何在這個階段考慮治理，以及設計治理策略時您應該納入考慮的不同工具。

資料的處理

資料一旦被捕獲，就會開始處理，但請注意，處理是指資料在被使用之前應該要完成的步驟，這個階段的資料還沒有辦法為企業帶來任何價值。*資料處理*也稱為*資料維護*，這是指資料透過整合、清理、整理，或*提取－轉換－載入*（ETL）等過程，以準備有效存儲和最終分析。

在此階段，您將會遇到一些影響資料治理的議題：資料歷程、資料品質和資料分類。第二章曾針對這些議題有過詳細討論。例如，為了實現資料治理，該如何確保在處理資料時，能夠兼顧追蹤和維護其歷程？檢查資料品質的重要性在於，確保存儲資料之前沒有遺漏任何重要的細節。此外，您還應該考慮資料分類。什麼是敏感資訊？又該如何處理敏感資訊？如何確保管理和存取這些資料，以免資料落入有心人士手中？最後，隨著這些資料的移動，它不只需要在傳輸過程中加密，也需要在靜止時加密。在此階段有很多治理方面的考量，本章後面會深入探討這些概念。

資料的儲存

資料生命週期的第 3 個階段是*資料儲存*，這裡指的是資料和元資料都存儲在具有適當保護級別的存儲系統和設備上。因為我們專注於分析資料的生命週期，所以存儲系統可以是資料倉儲、資料市集或資料湖泊。請記住，靜態資料應加密以保護其免受入侵和攻擊。此外，還要備份資料，以確保在發生資料遺失、意外刪除或災難時具有冗餘性。

資料的使用

在*資料的使用*階段，了解組織內如何使用資料以支持組織目標和營運非常重要。此階段的資料開始變得真正有用，並使組織可以查看、分析和視覺化資料以得到洞察力時，進一步做出明智的業務決策。這個階段的使用者，可以透過使用者界面或商業智慧工具詢問所有類型的資料問題，並希望得到「夠好」的答案。這是檢驗之前階段建立起的治理流程是否真正有效的關鍵時刻。舉例來說，如果尚未正確實施治理以確保資料品質，您收到的答案類型將可能不太正確或沒有太大意義，而這可能會危及您的業務營運。

在此階段，資料本身可能是組織提供的產品或服務。如果真的要將資料視為一種產品，就需要制定不同的治理策略，以確保能正確地處理這些資料。

由於多個內部和外部利益相關者和流程都會使用這個階段的資料，因此適當的存取管理和稽核是關鍵。此外，資料的實際使用方式可能受到監管或合約方面的約束，因此資料治理的部分作用是確保能夠相應地遵守這些約束。

資料的歸檔

在**資料的歸檔**階段，資料將從所有正在運行的生產環境中被移除，並且複製到另一個環境中。它不再用於處理、使用或發布，而是存儲起來以防再次需要。由於所生成的資料量仍在增長，不可避免地，所歸檔的資料量也會隨之增長。這個階段將不會針對歸檔資料有任何維護或一般使用。最後，資料治理計畫需能夠指示此資料的保留策略，並定義其存儲的時間長度，包括將應用於此資料的不同控制。

資料的銷毀

銷毀資料是資料生命週期的最後階段。**資料的銷毀或清除**，是指從組織中刪除每個資料副本，通常由備份檔案的存儲位置完成。即使想永久地保存所有資料也不可行。存儲未使用的資料不但非常昂貴，並且刪除不再需要的資料才能滿足合規性。此階段的主要挑戰是確保所有資料都能在正確時間，正確地銷毀。

在銷毀任何資料之前，務必確認是否有任何政策要求您將資料保留一段時間。為這個週期提出正確的時間表，代表了解州和聯邦法規、行業標準和治理政策，以確保採取正確的步驟。您還需要證明清除步驟正確地完成，以確保資料在使用壽命結束時，不會消耗超過必要的資源。

您現在應該對資料生命週期的不同階段及一些治理影響有深入了解。如前所述，這些階段單憑邏輯而定，不一定是實際的資料流。一些資料在存儲之前，可能會在不同的處理系統之間來回傳輸。一些存儲在資料湖泊中的資料，則可能會完全跳過處理階段並直接先存儲起來，然後再處理。請記住，資料不一定需要經過所有階段。

相信任誰都聽過「羅馬不是一天建成的」這句話，但這正是資料生命週期的目標。在組織中應用資料治理是一項艱鉅的任務，而且可能會讓人不知所措。但是，如果您在這些邏輯資料生命週期階段中思索資料的處置方式，則實施資料治理可能是一項可以分解為每個階段的任務，並能做出相應考量和實施。

資料生命週期的管理

了解資料生命週期後，將遇到的另一個常見術語是*資料生命週期管理*（DLM）。有趣的是，許多作者會交互使用資料生命週期和資料生命週期管理。儘管可能會因為需要或其他需求而將這兩個概念綁在一起，但還是要提醒，資料生命週期可以在沒有資料生命週期管理的情況下存在。因此，DLM 是指一種基於策略的綜合方法，用於管理整個生命週期中的資料流，從資料創建、過期直到清除。當公司能夠定義生命週期流程和實踐，並將其組織為可重複運用的步驟時，即為*資料生命週期管理*（DLM）。當您開始了解*資料生命週期管理*（DLM）時，您將很快地遇到*資料管理計畫*（DMP）。因此，讓我們快速了解一下它的意義及內容。

資料管理計畫

資料管理計畫（DMP）的定義是管理、描述和存儲資料的方法。此外，它還定義了您將使用的標準，以及資料在整個生命週期中的處理和保護方式。首先，您會看到在研究機構內推動研究專案時所需的資料管理計畫，且該流程的概念是實施治理的基礎。正因為如此，值得我們深入研究，並了解如何將它們應用於實施組織內的治理。

透過治理，很快地您就會意識到許多關於 DMP 的範例和框架，例如麻省理工學院的 DMPTool[2]。考量專案和組織的需求，您只需要選擇適合的計畫或框架並繼續前進；至於要如何做到這一點？其實無所謂絕對正確或錯誤的方法。如果您選擇使用資料管理計畫，以下為一些快速入門指南，它的概念比範例或框架來得更為基本，所以如果您能夠在這些說明中理解一些概念，就表示您領先其他人了。

2 *https://oreil.ly/-_Xoc*

指南 1：確定要捕獲或蒐集的資料

了解資料量的多寡對於幫助您確定其基礎資料架構成本和所需的人員時間非常重要。您需要知道您期望的資料量以及您將蒐集的資料類型：

類型

概述您將蒐集的資料的各種類型。它們是結構化的還是非結構化的？這將有助於確定要使用的正確基礎設施。

來源

資料來自哪裡？這些資料的使用或操作方式是否有所限制？若有的話，這些限制規則又是什麼？都需要一一記下來。

總量

這可能有點難以預測，尤其是在資料呈指數型增長的情況下；但是，盡早計畫這種增長並預測可能的成長，將使您脫穎而出，為未來做好準備。

指南 2：定義資料的組織方式

當您知道了正在蒐集的資料類型、來源和總量，您需要確定如何管理這些資料。在整個資料生命週期中需要哪些工具？需要資料倉儲嗎？如果需要的話，那是哪種類型，來自哪個供應商？還是需要的是資料湖泊？或是兩者都需要？了解這些影響以及每種含義，將能更有效定義您的治理策略。此外，有許多規章談到採用資料的限制，了解這些規定至關重要。

指南 3：記錄資料存儲和保存策略

災難隨時會降臨，在此之前做好充分準備非常重要。可以存取一段資料多久時間？由誰存取？資料在生命週期內要如何存儲和保護？還有正如之前所提的，資料清除需要依據既定規則。此外，了解系統的備份和保留策略也很重要。

指南 4：定義資料的政策

記錄資料的管理和共享方式非常重要。對於您正在蒐集的資料，請確定與其相關的許可和共享協議，是否有組織應該要遵守的限制？例如，針對存取和使用敏感資料，有哪些法律和道德限制？ GDPR 和 CCPA 等法規很容易讓人混淆，甚至互相矛盾。在此步驟中，確保相應地掌握所有適用的資料策略。萬一需要面臨稽核時，這些措施也有幫助。

指南 5：定義角色和職責

第三章定義了角色和職責。把這些角色納入考量之中，確定哪些角色適合您的組織，以及每個角色對您的意義。哪些團隊將負責元資料管理和發掘資料？誰來確保治理政策始終得到遵守？您還可以定義更多角色。

資料管理計畫（DMP）應該為您的組織提供易於遵循的路線圖，指導參與者並解釋如何在其整個生命週期中處理資料。將其視為一份動態文件，隨著新資料集的捕獲、新法律和法規的頒布，它會與您的組織一起發展。

如果這是一個研究專案的資料管理計畫，它會包含更多步驟和要考慮的項目。並且因為它們從頭到尾地指導著整個研究專案和資料，因此這些管理計畫往往更加地穩健。本章稍後面將介紹更多概念，基於容易實現治理策略和計畫的考量，因此我們選擇可以輕鬆轉移到您組織的項目。

將治理用於資料生命週期

到目前為止，我們已經了解基本概念；現在將所有內容放在一起，看看如何在資料生命週期中應用治理。治理需要結合人員、流程和技術，以便在資料的整個生命週期內使用。第二章概述一套強大的工具來使治理成為現實，第三章則重點關注在人員和流程方面，並且指出實施治理這件事有多複雜。簡單來說，想要輕鬆應用所有內容就完成工作，這種簡單的方法並不存在。正如您想像的那樣，大多數技術可能都來自不同供應商，具有不同實現，也都需要結合在一起。您將需要整合一流的產品套件和服務，才能使這些事情順利進行。當然，也有另一種選擇，即是購買市場上完全整合的資料平台或治理平台。因此，這不是一項可等閒視之的任務。

資料治理框架

藉由框架可幫助您視覺化治理計畫，並且有多種不同框架可幫助您思考跨越資料生命週期的治理，圖 4-2 就是其中之一。我們在其中強調第二章中的所有概念，並涵蓋本章討論的概念。

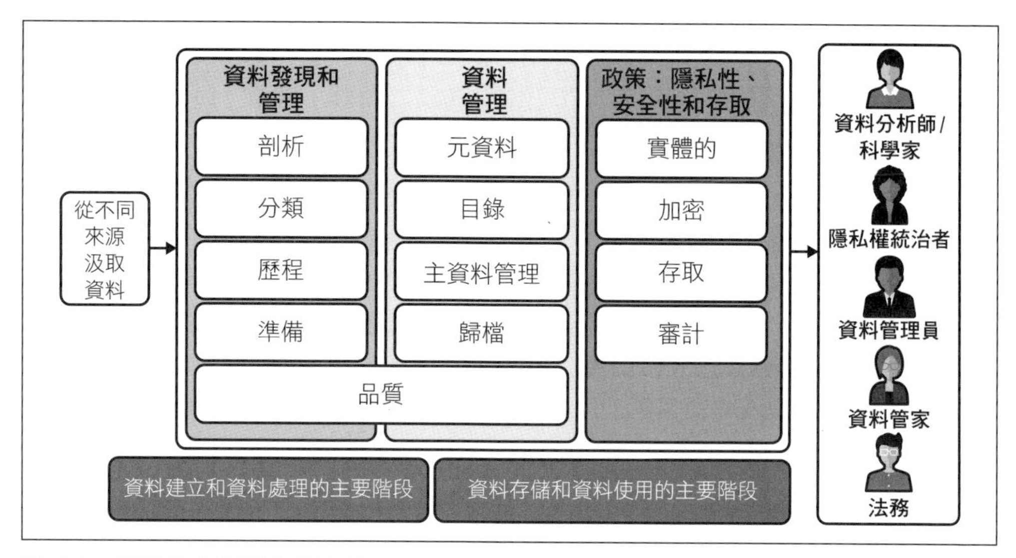

圖 4-2　資料生命週期內的治理

為了更容易理解，這個框架過度簡化所提及的概念；它假設事物是從左到右的線性關係，但現實情況通常並非如此。當從左側的各種來源獲取資料時，它指的是資料創建或捕獲。接著會處理和存儲這些資料，然後由不同利益相關者使用，包括資料分析師、資料工程師、資料管家等。

資料歸檔和資料銷毀並未反映在該框架中，因為這些發生在資料使用時間之外。正如先前概述的那樣，在歸檔階段，資料將從所有運行中的生產環境刪除，不再處理、使用或發布，而是存儲下來以備不時之需。銷毀是指資料生命週期的結束，並按照已制定的指南和程序將其刪除。

還有一個很明顯的差異是，應該從創建資料的角度思考如何管理元資料，尤其是敏感資料，企業應該在資料擷取階段，即留意任何足以描述資料的背景資訊，並加以妥善管理，直到該元資料在適用的存儲系統中儲存和找到可應用之處。即使是在資料管理中提到的概念，歸檔也往往發生在資料已經不再被使用，並將其從生產環境中刪除的時候。儘管歸檔是治理的重要組成部分，但此圖暗示它發生在資料生命週期的中間；也就是說，當資料簡單地存儲在適用的存儲系統時，也有可能具備一個歸檔策略，所以我們不能完全排除這種可能性。

再次重申，圖 4-2 提供一個邏輯表示方法，闡述資料從左到右所經歷的各種階段，但實際上不一定是資料的流程步驟。值得注意的是，每個階段之間會發生很多次來來回回，並且，不是所有資料都經過這些階段。

針對治理，框架擅長於提供整體視圖，然而，它們並不是萬能的，請確保您選擇的框架適用於您的組織和資料。

此處想再次地強調先前已經提過的一個想法：選擇適合您組織的框架。這可能包括對您所蒐集或使用資料類型的考量，以及您為資料治理工作投入的人員。我們要您好好想想的是，如何利用您現有資源並安裝足夠框架。以當前必須處理的內容作為起點，按部就班地進行這些想法；注意，並非每個步驟都是必須或甚至是必要的。如果您能專注於奠定這些基礎，在之後您確實有更多部分需要添加到框架中時，對您來說也比較有利。

實踐中的資料治理

受到維基百科成功的啟發，來自英國的 Steve Coast 於 2004 年創建開放街圖（OpenStreetMap, OSM）[3]。這是一項開源專案，由像您這樣的人所創建，並且可以在開放許可下免費使用。此專案是對不斷激增的資料孤島、專有的國際地理資料集，和數十種互不相容的地圖軟體產品的回應。除了已經顯著地增長到超過 200 萬名貢獻者之外，OSM 更令人驚奇的是它的成功有目共睹。事實上，它已經成為許多財富 500 強公司和其他中小型企業值得信賴的資料來源。OSM 之所以能擁有這麼多貢獻者讓它成功，是因為它能夠在流程的早期即建立資料標準，並確保貢獻者遵守這些標準。可以想像，如果無法讓貢獻者的資料標準化，眾包製圖系統可能很快地就會出錯。因此，定義治理標準可以為您的組織帶來價值，並為用戶提供可信資料。

現在您已經了解在資料生命週期中會疊加不同治理工具，讓我們進一步深入研究，如何在整個生命週期中，應用第一章和第二章所概述的不同資料治理工具。本節還包括最佳實踐，可以幫助您開始定義組織的資料標準。

3 *https://www.openstreetmap.org*

資料的建立

如前所述，這是資料生命週期的初始階段，即創建或捕獲資料。在此階段，組織可以選擇是否一同捕獲元資料和資料歷程。元資料用以描述資料本身，而資料歷程則描述資料的位置，以及如何在下游流動、轉換和使用資料。嘗試在這個初始階段捕獲上述這些內容，可以為之後的階段做好準備。

此外，還可以採用分類和分析等流程，尤其是在處理敏感資料資產時。資料在傳輸過程中也應該加密，以防止入侵和攻擊。例如，Google Cloud 等雲服務供應商，預設提供傳輸資料和靜態資料的加密。

定義資料類型

建立一套資料分類指南，考慮資訊的敏感性及其對組織的重要性和價值。分析和分類資料有助於得知哪些治理政策和程序適用於該資料。

資料的處理

在此階段，資料在使用前會經歷整合、清理、糾錯或提取－轉換－載入（ETL）等過程，以準備好存儲和最終分析。在此階段保持資料的完整性很重要；這就是為什麼資料品質有著至關重要的作用。

此處還需要捕獲和追蹤資料歷程，以確保最終使用者了解其資料轉換來自於哪些流程以及資料來源。有一位使用者曾經這樣跟我們說：「如果能更了解資料歷程那就太好了。在查找資料表中某個行的來源時，我需要有權限以手動挖掘該資料表的原始碼並追蹤該線索。如果這整個過程能自動化就好了。」這是許多使用者普遍的痛，也是對 DLM 和治理來說非常重要的痛處。

記錄對資料品質的期望

不同的資料消費者可能有不同的資料品質要求，因此重要的是提供一種在捕獲和處理資料階段時，能夠記錄資料品質期望的方法，以及專門的技術和工具，以在資料生命週期內支持資料驗證和監控。正確的資料品質管理流程將為分析提供可衡量且值得信賴的資料。

資料的儲存

在這個階段，資料和元資料都已存儲並準備好分析。靜態資料應加密以保護其免受入侵和攻擊，此外，還需要備份資料以確保冗餘性。

自動化資料保護和復原

由於此階段資料儲存在存儲設備中，因此需要找到提供自動化資料保護的解決方案和產品，以確保無法讀取暴露的資料，包括靜態加密、傳輸中加密、資料屏蔽和永久刪除。此外，實施強大的恢復計畫，以在災難發生時保護您的業務。

資料的使用

此階段會分析和使用資料以獲得洞察力，並供組織中的多個內部和外部利益相關者和流程使用。此外，也會視覺化分析資料並用於支持組織的目標和營運；在此階段，商業智慧工具發揮關鍵作用。

資料目錄對於幫助使用者使用捕獲的元資料以發現資料資產至關重要。並且在這個階段，隱私、存取管理和稽核是最重要的，這確保正確的人員和系統正在存取與共享資料並基於這些資料分析。此外，對於資料的實際使用方式，可能存在監管或合約上的限制，資料治理的部分作用是確保遵守這些限制。

資料存取管理

提供資料服務以允許資料消費者輕鬆地訪問其資料很重要。記錄將使用的資料內容、存取方式及使用目的，可以幫助您定義身分、組別和角色，並分配存取權限以建立一定程度的存取控制措施。這確保只有經過授權和認證的個人和系統，才能根據定義的規則以存取該資料資產。

資料的歸檔

在此階段，資料將從所有運行中的生產環境刪除，不再處理、使用或發布，而是存儲下來以備不時之需。資料分類策略應指導該資料的保留和處置方法。

自動化資料保護計畫

邊界安全措施除了作為一種防止未經授權個人存取資料的方法外，它其實遠遠不足以保護資料本身。因此，應用於資料存儲的相同保護措施也同樣適用於此，以確保無法讀取暴露的資料，包括靜態加密、資料屏蔽和永久刪除。此外，重要的是，如果發生災難，或者在生產環境中再次需要已歸檔的資料，需要有一個定義明確的流程來恢復這些資料並使其有用。

資料的銷毀

最後是銷毀資料，或者更確切地說，在其使用壽命結束時將資料從企業中刪除。在清除任何資料之前，務必確認是否有任何政策要求您將資料保留一段時間，這點相當重要。並且，資料分類策略應指導該資料的保留和處置方法。

制定合規政策

為資料生命週期提出正確的時間表，代表了解州和聯邦法規、行業標準和治理政策，並及時了解各種變化。這樣做有助於確保採取正確的步驟以完成清除，它還確保資料在使用壽命結束時，不會消耗超過必要的資源。

因為法規經常變化，需敦促 IT 利益相關者每 12 至 18 個月重新審視一次銷毀資料的指南，以確保合規性。

資料透過資料平台移動的範例

這是一個情境範例，說明資料如何透過圖 4-2 中的框架，在資料平台中移動。

情境

假設有一家企業想要將資料提取到雲端資料平台，如 Google Cloud、AWS 或 Azure，並與資料分析師共享。但是此資料可能包括敏感元素，例如美國社會安全號碼、電話號碼和電子郵件地址。以下是它可能經歷的不同部分：

1. 負責這個任務的工程師藉由批次處理或串流服務以配置攝取資料的渠道：
   a. 目標：當他們將原始資料移入平台時，需要對其掃描、分類和標記，然後才能處理、操作和存儲。

b. 階段化攝取資料，並放入不同儲存桶：

i. 攝取：嚴格限制

ii. 發布：處理過的資料

iii. 對於那些被管理員隔離的部分：需要再次審視

2. 然後掃描和分類資料，以獲取敏感資訊，例如：個人識別資訊（PII）。
3. 可能會編輯、混淆或匿名化 / 去識別化某些資料。此過程可能會生成新的元資料，例如用於令牌化的金鑰。並且將在此階段捕獲相關的元資料。
4. 使用個人識別資訊（PII）標籤或其他標籤標記資料。
5. 可以訪問資料品質的各個方面，即是否有任何缺失值、主鍵格式是否正確等。
6. 開始捕獲資料來源資訊以建立資料歷程。
7. 隨著資料在生命週期中的不同服務之間移動，在傳輸過程中加密。
8. 當攝取和處理完成後，需要將資料存儲在資料倉儲或資料湖泊中，並在其中進行靜態加密。且需要採用備份和恢復流程，以防發生災難。
9. 在存儲過程中，可以將額外的元資料，也就是關於業務面和技術面的訊息添加到資料中並編撰目錄，以便用戶能夠在需要的時候發現和查找。
10. 需要在整個資料生命週期中捕獲審計軌跡，並依據需求使其可見。稽核可允許您檢查控制的有效性，以便快速緩解威脅並評估整體安全健康狀況。
11. 在整個過程中，使用身分和存取管理（IAM）解決方案，以確保正確的人員和服務，擁有存取權限以跨資料平台得到正確資料是非常重要的事。
12. 需要能夠運行分析並將結果視覺化以供使用。除了存取管理之外，還可以使用額外的隱私、去識別化和匿名化工具。
13. 一旦正式環境中不再需要此資料，就會將其歸檔一段特定時間，以保持合規性。
14. 當資料完全不再需要被使用時，會從資料平台中完全移除並銷毀。

個案研究：NIKE 和進步 4% 的慢跑鞋

2018 年，NIKE 推出新款跑鞋，相關廣告宣傳稱「Nike Zoom Vaporfly 4%」系列鞋款，會讓您跑步快上 4%。雖然增加 4% 的速度聽起來並不多，但在平均 4 至 5 小時的馬拉松比賽中，這可能會導致完成比賽所需的時間縮短 10 至 12 分鐘。

如此高調的說法立即引來質疑。反對者認為這個由 NIKE 贊助的研究並沒有令人信服的公正性，因為它來自一個小型資料集。並且如果對這個廣告信以為真的話，許多運動員會花錢買一雙昂貴的鞋來提高他們的運動成績，但此資訊的來源實在是招人質疑其真實性。然而，進行一項獨立的科學實驗來斷定該說法是否屬實將具有挑戰性，因為這需要讓跑者在相同的路線、相同條件下，使用不同種類的鞋，以真正消除所有可能的變數和挑戰。這需要大量的金錢投資。

所幸，許多運動員使用一種名為 Strava 的熱門應用程式，以記錄他們的運動表現，並且其中許多運動員還會記錄他們跑步時所穿的鞋子。最讓人驚喜的是，Strava 將所有資料公開給大眾（圖 4-3）。這創建了一個自然實驗，您可以在其中查看現有資料，並在有足夠資料的情況下，或許可以從中梳理出某種模式。

26.62mi	2:57:01	6:39/mi	94
距離	經過時間	配速	相對耗力
海拔	909ft	卡路里	2,747
移動時間	2:57:01		
Garmin Forerunner 735XT		鞋子: Nike VaporFly 4% (139.0 mi)	

圖 4-3　源自於 Strava 的資料。NIKE 的 Vaporfly 系列跑鞋真的能讓您跑快 4% 嗎？

《紐約時報》為此進行一項調查，從 Strava 蒐集 50 萬條現實生活中的運動表現紀錄，由 Keven Quealy 和 Josh Katz 寫成一篇名為〈NIKE 宣稱價值

250 美金的運動鞋可讓您跑得更快，如果是真的呢？〉[4] 的專題報導，並於 2018 年 7 月 18 日發布在《紐約時報》上。下一步就是確定從 Strava 蒐集而來的資料是否有用。雖然理想的方法是測量同一跑者在同一路線上穿著不同鞋子的跑步情況，但在這種實驗規模下這是不可能的。

然而，大量的資料確實使**自然實驗**[5] 的發現成為可能。這不是小規模的實驗室實驗，而是週末跑步者報告和分享他們比賽結果的真實紀錄；不可否認，大部分是業餘愛好者。

《紐約時報》得以匯總 28 萬場全程馬拉松和 21.5 萬場半程馬拉松的成績，然後比較同一場比賽的跑步條件，和同一名運動員的不同鞋子、不同比賽或日期的比賽成績。這些比較確保滿足與理想實驗相似的條件，並且透過包含關於賽事的背景資訊，如天氣、路線和難度等，資料經過整理以保持記錄的品質，同時消除異常值，如較少人參加的比賽、極端的比賽狀況等。

最後《紐約時報》得出的結論是，對於許多跑步者來說，獲得比較成功的跑步成績時，的確往往都穿著 NIKE 鞋款。該論文指出，這些結果並非透過受控條件下的實驗室資料蒐集而來，但其結果與 NIKE 贊助的研究一致。

從上述例子可以發現，如果沒有一個開放的資料集，這項工作不可能實現，該資料集由全球跑步愛好者免費貢獻保存，並可供研究人員存取。這個資料集範例在受控環境下提供資料，Strava 確實保護跑步者的個人資料，並允許跑步者完全控制他們的資料共享方式，包括提供選擇退出和刪除自己資料的功能。這是一個說明適當資訊循環和資料治理的絕佳範例。

---

4 *https://oreil.ly/ox6Vp*

5 自然實驗（*https://oreil.ly/iClKv*）是一種實證研究，在這項研究中，研究對象處於研究者無法控制而由其他因素所控制的環境中。因此，自然實驗不是對照實驗而是觀察性研究。在這裡的例子中，跑者自然地根據他們所穿的鞋子分組，而不是從外部分配鞋子。跑者的群體夠大，有資格成為良好的「實驗組」和「控制組」，並控制外部因素的數量。

可實施的資料治理

制定計畫是一回事，但確保該計畫適用於您的組織又是另一回事。關於這個議題，NASA 有了慘痛經驗的教訓。1999 年 9 月，在出發前往火星的旅程近 10 個月後，耗資 1.25 億美元的火星氣候軌道飛行器[6]與 NASA 失去聯繫，然後在距離火星地表僅 37 英里（近 60 公里）的地方燃燒並分解破碎。事後分析發現，雖然 NASA 使用的是公制單位，但其合作夥伴之一使用的卻是國際單位制（SI）。直到軌道飛行器著陸時才發現這種不一致，而這導致衛星完全失去控制。這種結果對團隊來說當然是毀滅性的打擊。在這次意外事件發生之後，相關人員啟動適當檢查與修正程序，以確保類似事件不再發生。

類似 NASA 所經歷的問題可以讓我們學到：提前將事情整合在一起，才能在災難發生之前盡早發現並糾正。這始於制定資料治理政策，這是一份可隨時滾動、調整的文件，提供一組用於保護組織資料資產的規則、策略和指南。

何謂資料治理政策？

資料治理政策是一系列的指導方針指南，用於確保組織的資料和資訊資產擁有一致的管理，並使用得當。*資料治理政策對於實施治理至關重要*。該指南將包括針對資料品質、存取、安全性、隱私性和使用的個別政策，這些政策對於整個生命週期中的管理資料都相當重要。此外，資料治理政策以建立資料的角色和職責為中心，包括存取、處理、存儲、備份和保護，這些都是熟悉的概念。這份指南有助於將所有內容整合到一個共同目標中。

資料治理政策通常由某位資料治理委員或委員會所制定，成員則是業務主管和其他資料擁有者所擔任。該政策指南為執行團隊、經理和第一線工作人員定義了一個清晰的資料治理結構，供他們在日常營運中遵循。

要開始實施治理時，使用資料治理章程模板會有所幫助。圖 4-4 就是一個範例模板，它可以幫助您在整個組織中交流想法並開始對話。此模板中的資訊將直接匯集到您的資料治理政策中。

---

6 *https://oreil.ly/2vpu1*

使用資料治理章程模板以啟動對話並組建團隊。一旦大家接受您的願景、使命和目標，該團隊就會幫助您創建和定義治理策略。

資料治理章程模板

I. 資料治理願景

II. 陳述任務

III. 目標

IV. 評估成功

V. 必要能力

VI. 角色和職責

圖 4-4　資料治理章程模板

資料治理政策的重要性

當您有一個商業想法並打算與朋友交流，並希望盡可能地讓他們買單這個想法的時候，您很快就會遇到一個要求企劃案的人：「您是否有可以分享的商業企劃案，以便我可以更了解這個想法以及您的計畫？」資料治理政策允許您根據組織的需求和目標，記錄所有重要的營運治理元素。它還允許在很長一段時間內保持組織內部的一致性。這是出現問題時每個人都會參考的指南。除此之外，它應該定期地審查，並在組織發生變化時更新。您可以將其視為商業計畫，或者更誇張的說法，它也可以是您的治理聖經。

請精心草擬資料治理政策，它將確保：

- 任何時候都對資料生命週期和資料資產的一致、高效益及有效率管理。

- 由資料治理委員會針對資料確定其價值和風險，設定組織資料資產的適當保護級別。
- 由治理委員會設立針對不同類別資料的適當保護和安全級別。

制定資料治理政策

資料治理政策通常由資料治理委員或指定的資料治理理事會所制定。該委員會為資料計畫制定全面的政策，概述蒐集、存儲、使用和保護資料的方式。該委員亦會確定風險和監管要求，並研究它們將如何影響或破壞業務。

一旦確定所有風險和評估，資料治理委員會將草擬政策指南和程序，以確保組織擁有預期的資料計畫。如果編寫得宜，將有助於擬定資料計畫的戰略願景。至於治理計畫的願景，可能是推動組織的數位轉型，或者是獲得洞察力以推動新營收，甚至使用資料來提供新產品或服務。無論您的組織是處於哪種情況，草擬中的政策都應結合資料治理章程模板中概述的明確願景和使命。

制定資料治理政策的一部分過程是藉由訪談、會議和非正式對話，以確定主要利益相關者的期望、心願和需求。這將幫助您獲得有價值的意見，同時也是一個為該計畫爭取更多支持的機會。

資料治理政策結構

精心設計的政策是獨一無二，它應該是您組織的願景、使命和目標。但是，不要執著、糾結此模板上的每條資訊；因為它更像是一個指南來幫助您思考問題。考慮到這一點，您的治理政策應該強調以下幾點：

該計畫的願景和使命

如果您使用圖4-4中概述的資料治理章程模板來獲得其他利益相關者的支持，則意味著您已經可以隨時獲得此資訊。如前所述，治理計畫的願景可能是推動組織的數位轉型，或獲得洞察力以推動新營收，甚至使用資料提供新產品或服務。

政策的目的

抓住組織對於資料治理計畫的目標，以及確定成功的指標。該計畫的使命和願景應該對應至治理計畫目標和評斷成功的指標。

政策的範圍

記錄此治理政策所涵蓋的資料資產。此外，盤點資料來源並依據敏感資料、機密資料或公開可用的資料，伴隨安全級別和不同級別所需的保護，以分類其資料。

定義和術語

資料治理政策通常由組織內可能不熟悉某些術語的利益相關者所查看。使用此章節提及的方法來記錄相關術語和定義，以確保每個人都有相同的理解方式。

政策原則

為設置的治理計畫定義規則和標準，以及執行它們的程式和程序。這些規則可能涵蓋資料存取：誰有權訪問什麼資料，資料使用：使用方式及可接受的細節，資料整合：將進行哪些轉換，和資料完整性：對資料品質的期望。制定最佳實踐來保護資料，及確保有效地記錄法規和合規性。

計畫的結構

定義角色和職責（R&R），這是組織內監督治理計畫要素的職位。RACI 圖表可以幫助您確定負責、當責、需要諮詢的人，以及應該讓誰了解變化。有關治理計畫中的角色和職責（R&R）資訊，可見本書第三章。

審查政策

確定審查時間和更新政策，以及如何監控、衡量和糾正對政策的遵守情況。

更多幫助

記錄下適合的人，以解決團隊和其他利益相關者的問題。

僅記錄圖 4-5 中所概述的資料治理政策是不夠的，將其傳達給所有利益相關者也同樣重要。這可以透過小組會議和培訓、一對一對話、錄製的訓練影片和書面交流等等的組合來實現。

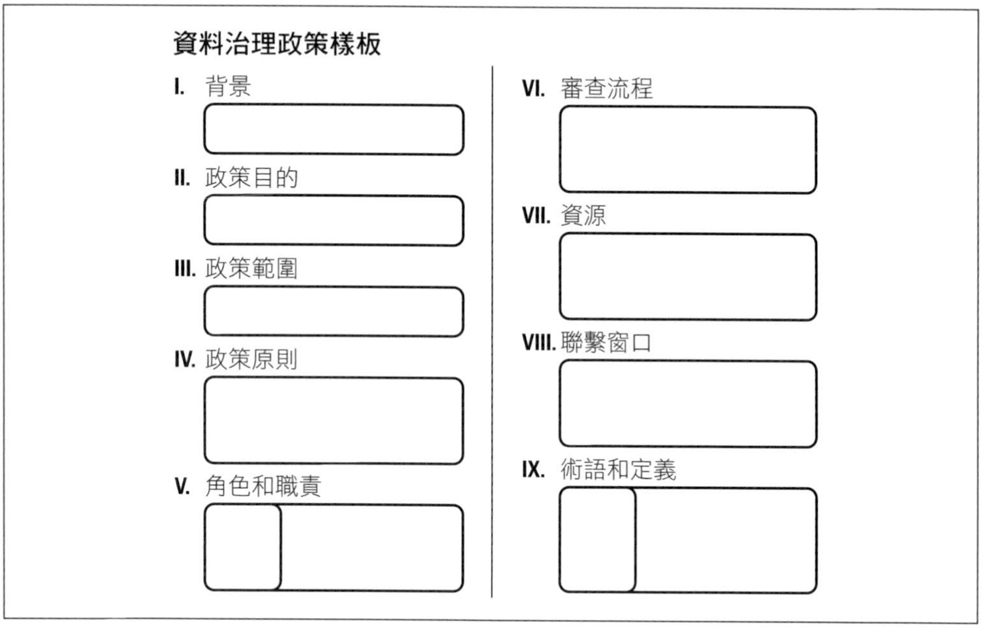

資料治理政策樣板

I. 背景

II. 政策目的

III. 政策範圍

IV. 政策原則

V. 角色和職責

VI. 審查流程

VII. 資源

VIII. 聯繫窗口

IX. 術語和定義

圖 4-5　資料治理政策模板範例

此外，定期與您的資料治理團隊一起審查治理成效，以確保一切運作正常。這也意味著您需要定期審查您的資料治理政策，以確保它仍然能反映出組織和計畫的當前需求。

角色和職責

在資料生命週期中實施治理時，您將與組織內的許多利益相關者互動，您需要將他們聚集在一起以實現這一共同目標。如第三章所述，雖然明確地說明哪些角色在資料生命週期的哪一個部分，執行什麼操作，是最簡單明瞭的方法，但許多資料治理框架是圍繞著角色和職責的複雜相互作用而展開。現實情況是，由於缺乏員工技能，或者更常見的人手不足原因，大多數公司很少能夠準確或充分地配置治理角色。出於此，在公司資訊部門和資料部門工作的員工，經常得戴上不同的「帽子」。

因為第三章已經詳細概述過「角色和職責」，因此，此處不再贅述。但您仍然需要定義它們在您的組織中的存在形式，以及它們將如何相互作用以實現治理。這通常會在 RACI 矩陣中概述，該矩陣描述特定執行、流程、政策或標準中，誰該「負責、當責、諮詢和告知」。

按部就班的指導

藉由本書的這個章節，您應該知道資料治理在實務上不僅是產品和工具的選擇和實施。資料治理計畫的成功取決於人員、流程和工具的組合，它們之間的相互配合才能使得治理成為現實。本節讓人感覺非常熟悉，因為它蒐集上一節關於資料治理政策的所有元素，並將它們放在一個按部就班的過程中，以向您展示如何開始。此外，它也進一步闡述其中的概念。

建立業務面的案例

如前所述，資料治理需要時間且成本高昂。如果方式正確，它可以成為應用程式設計的一部分，並在源頭上實現自動化，以便將重點放在業務價值上。也就是說，資料治理計畫的範圍和目標通常會因此而有所不同。根據計畫的來源，您需要能夠構建一個業務面的案例，以識別關鍵業務驅動因素，並證明資料治理的努力和投資是合理的。它應該要能夠識別出痛點、概述感知到的資料風險，並指出治理如何幫助組織減輕這些風險，以達到更好的業務成果。實務上可以從小地方著手，先爭取快速獲勝，並隨著時間過去慢慢建立企圖心，並且設定清晰、可衡量和具體的目標。您無法控制連自己都無法衡量的東西；因此，您需要概述能夠衡量成功的指標。圖 4-4 的資料治理章程模板非常適合幫助您入門。

記錄指導原則

制定並記錄與治理相關的核心原則，當然還有與您希望啟動專案相關的核心原則。基於可信賴的資料與資料資產的使用目的相一致，您的治理政策核心原則是做出一致且具備自信的業務決策。另一個核心原則可能是滿足監管要求並避免罰款，甚至是透過提供具備一定品質的資料資產來優化員工效率。定義對您的業務和專案至關重要的原則。如果您還是這個領域的新手，有許多資源可以使用，例如網路上可以找到的一些與供應商無關的非營利性協會，例如資料治理協會（DGI）[7]、資料管理協會（DAMA）[8]、資料治理專業組織（DGPO）[9]和企業資料管理委員會[10]，所有這些組織都為企業提供豐富資源、IT 諮詢和致力於推進資料治理紀律的資料專業人士。此外，也可以確認是否有任何您可以參加的資料治理在地小組聚會或研討會，例如資料治理和資訊品質研討會、DAMA 國際活動或金融資訊峰會。

取得管理層的支持

如果沒有管理層的支持，毫不意外地，您的治理計畫很容易從一開始就失敗。由於管理層控制著您需要的重大決策和資金。您需要概述重要的 KPI 以及您的計畫能幫上什麼忙，藉此使管理層全神貫注於您的計畫。您需要身邊的盟友來幫助證明計畫可行，拉攏過往在資料治理方面的領導者，以及具有話語權的利益相關者的關鍵支持，並將您的業務面案例和指導原則一併提交給公司高層以供批准。最後，一旦專案開始，就得經常與相關人員溝通。

開發營運模式

獲得管理層批准後就該開始工作了。要如何把治理計畫整合至企業的經營方式中？這個過程可以派上用場的就是資料治理政策。在此階段，定義資料治理的角色和職責，然後向資料治理委員會和資料管家團隊描述流程和程序，他們將定義整體流程以定義和實施治理策略，與審查以及修復已識別的資料問題。利用資料管理政策計畫中的內容來幫助您定義營運模型。資料治理是一項團隊運動，需要來自各個業務部門的可交付成果。

制定當責框架

與您希望推向市場的任何專案一樣，建立一個框架來分配關鍵資料區域的監管權和責任至關重要。定義所有權，確保資料環境中的任一處對「資料擁有者」都保持著可見性。提供一種方法來確保每個人都對貢獻資料的可用性當責。此外，請參考您的資料管理策略，因為它可能已經開始捕獲其中一些的依賴關係。

---

7 *http://www.datagovernance.com*

8 *https://dama.org*

9 *https://dgpo.org*

10 *https://edmcouncil.org*

發展分類方法和概念集合[11]

迄今為止，您蒐集到的許多知識都可以在這裡派上用場。與治理協會密切合作、依靠您的同儕，簡單地線上學習將幫助您完成這一步。可能有許多與資料分類、組織相關的治理指令，以及針對敏感資訊的保護指令。為了使您的資料消費者能夠遵守這些指令，必須明確地定義用於組織結構的類別和分類，以評估資料敏感性。這些應該包含在您的資料治理政策中。

組裝正確的技術棧

一旦為員工分配資料治理角色，並且定義、批准流程和程序，就應該組裝一套工具，以促進實施和持續驗證資料政策的合規性，以及交付準確的合規性報告。談論到對應基礎設施、架構和工具，您的資料治理框架必須是您的企業架構、IT 環境和所需工具的重要組成部分。前面章節曾談到技術，所以這裡不會再贅述一次。重要的是找到適合您並滿足您所制定組織目標的工具和技術。

建立教育訓練機制

如前所述，要使資料治理發揮作用，需要整個組織支持。您需要確保組織跟上並支持您介紹的計畫。因此，透過發展系統化教育訓練以強調資料治理實踐、程序和支持技術的使用，來提高對資料治理價值的認識很重要。策劃定期的培訓課程以加強良好的資料治理實踐。盡可能地使用業務術語，並將資料治理學科的學術部分，轉化為業務情境中讓人容易明白的內容。

跨資料生命週期的治理注意事項

自從有資料要治理以來，資料治理就一直存在，但一般多視為一種 IT 功能。在整個資料生命週期中，實施資料治理絕非是件容易的事。以下是您在組織中實施治理時需要考慮的一些注意事項。這些對您來說應該不足為奇，因為您很快就會注意到它們涉及第一章、第二章以及本章中所介紹的許多方面。

11 譯者註：概念集合指對概念、資料和實體之間的類別、屬性和關係的表示、命名和定義，這些概念、資料和實體構成了一個、大量或所有的論域。

部署時間

在整個資料生命週期中，制定和設置治理流程需要花費大量時間、精力和資源。本章介紹很多概念、想法和方法，來思考跨資料生命週期的可行方案，您會發現它很快就會變得勢不可擋。請記住，並沒有放之四海而皆準的解決方案；您需要確定自己業務的獨特之處，然後制定適合您的計畫。至於部署階段，與手動寫程式的治理流程相比，自動化可以減少部署時間。此外，人工智慧也認為是未來繞過資料治理的一種方式，尤其在敏感資料的自動發現和元資料管理等方面。這意味著當您在市場上尋找解決方案時，您將需要了解該方案內建多少自動化和整合，它對您的環境和情況的適用性又如何，以及是否可將工作流程中最困難的部分轉成自動化。在混合雲甚或多雲世界中，這會變得更為複雜，並進一步增加部署時間。

成本和複雜性

複雜性有很多種面向。第一章討論過資料領域的規模，以及資料在世界上產生的速度有多快。另一個複雜性是缺乏對元資料等事物的明確行業標準，這曾在第二章談論過。在大多數情況下，元資料不遵循與底層資料本身相同的策略和控制，而且，缺乏標準化的元資料規範，意味著不同的產品和流程將以不同方式呈現此資訊。另一個複雜性是實現治理所需的大量工具、流程和基礎設施。為了提供全面治理，組織可以選擇整合該領域的最佳解決方案，但通常很複雜，且因為使用許可和維護成本而非常昂貴；或是選擇購買一站式的整體解決方案，但不僅價格高昂，而且在市場上也很少見。考慮到這一點，雲服務供應商（CSP）正在構建內置所有這些治理功能的資料平台，從而建立一站式服務，並為客戶簡化其流程。作為組織中的一員，需研究和比較不同 CSP 之間所提供的資料平台，找出最適合的。雖然有一些企業選擇將部分資料留在本地；然而，對於可以移動到雲端的資料，這些 CSP 現在正在構建強大的工具和流程，以幫助客戶在平台上即可以端到端地管理他們的資料。此外，Informatica、Alation 和 Collibra 等公司，也提供可在組織中實施特定於治理的平台和產品。

不斷變化的監管環境

前面的章節已經清楚概述，隨著 GDPR 和 CCPA 的引入監管環境不斷變化的影響，這裡同樣不贅述；但是，法規定義了許多必須非完成不可和要實施的事情，以確保治理。它們將概述如何處理某些類型的資料，以及哪些類型的資料需要實施控制，有時它們甚至會概述不遵守這些事項時的影響。在資料生命週期中實施資料治理時，遵守法規絕對是組織需要考慮的事情。

在考慮監管環境的變化時，我們從與許多不同公司的討論中聽到兩種截然不同的理念。第一種想法是可能有一天，現存最嚴格的法規都將串連起來並推行至所有地方，也就是說，整個美國都需要遵守加州的消費者隱私保護法案，那不如從現在開始，就確保合規性是第一優先事項，即使它不是目前的重要任務。相反地，我們也聽過另外一種想法，只遵守當前要求，碰到時再來處理法規。我們強烈建議您採用第一種方法，因為適當且經過深思熟慮的治理計畫，不僅可以確保遵守不斷變化的法規；還可以實現迄今為止概述的許多其他好處，例如更佳的可查找性、安全性，以及對更高品質資料的準確分析。

資料的位置

為了對資料生命週期全面實施治理，了解哪些資料在本地，哪些在雲端非常重要。在當前業界普遍遵循的實踐方法，大多數組織資料都存在於本地和雲端，因此，擁有支持混合雲甚至多雲場景的系統和工具至關重要。更有甚者，還要了解資料在整個生命週期中，如何與其他資料互動確實會增加複雜性。第一章曾討論為什麼公有雲的治理會比較容易，這主要是因為公有雲具有幾個使資料治理更易於實施、監控和更新的特性。許多時候，本地系統中並不支援這些功能，或者使用成本過高。資料無論位於何處都應受到保護，因此具可行性的資料生命週期管理計畫，將始終包含對所有資料的治理。

組織文化

如您所知，文化是組織中的無形資產之一，對組織的運作方式扮演重要角色。第三章談過組織如何創建隱私和安全文化，讓員工了解應如何管理和處理資料，以便他們成為能夠正確處理和使用資料的好管家。本節指的則是組織文化，它通常決定人們的行事內容以及行為方式。若是您的組織擁有自由的文化風氣，允許人們輕鬆提出問題和疑慮，這樣的環境出現問題時，人們更有可能直言不諱。另一方面，在員工可能因每一件小事而受到譴責的組織中，事情不順利甚至出現問題時，他們會更害怕坦白和報告。因此，在這些環境中，治理有點難以實施，因為如果沒有透明度和適當的報告，錯誤通常要到很晚才會發現。本章前面提供的 NASA 範例中，組織內有幾個人注意到資料中的差異，甚至向上舉報。但是管理層忽略了這樣的報告，因此，NASA 這個任務的結局失敗了。請記住，在組織中實施治理經常會遇到一些阻力，尤其是習慣分散營運的組織。在整個資料生命週期中，創建一個將所有功能集中的環境，也就代表了這些領域都必須遵守流程，儘管他們過去可能不習慣，但為了組織的更長遠利益，大家都必須接受新的改變。

總結

資料生命週期管理對於實施治理至關重要，並確保有用的資料是乾淨、準確且可供用戶隨時使用。此外，它還可以確保您的組織始終保持合規。

本章中介紹了資料生命週期管理，以及如何治理資料生命週期。然後，我們研究了可操作的治理，以及資料治理政策的作用，如何能確保組織的資料和資訊資產得到一致的管理和正確使用。最後，我們提供實施治理的按部就班指導，並完成跨資料生命週期的治理注意事項，包括部署時間、複雜性、成本以及組織文化。

第五章

改善資料品質

當大多數人聽到資料品質這個詞時，他們想到的都是正確且真實的資料。但在資料分析和資料治理中，資料品質指的是一組更微妙的限定詞。如果資料內的所有細節，例如交易資料中的某些欄位都不可用，那僅僅正確是不夠的。正如接下來將解釋的內容，資料質量也會在使用案例的環境中被衡量。接著，讓我們從探索資料品質的特徵開始。

什麼是資料品質？

簡單來說，資料品質就是某些資料根據其準確性、完整性，即資料表內所有行都有值，和及時性的總和排名。當您處理大量資料時，通常會以某種程度上的自動化來獲取和處理資料。在考慮資料品質時，最好討論以下項目：

準確性

獲得的資料是否正確。例如，在小數點前輸入多個零導致的資料輸入錯誤，就是一個準確性問題；資料重複也是準確性不足的一個例子。

完整性

獲得的所有紀錄是否完整，即資料表內每一行都沒有缺失資訊。例如，如果您正在管理客戶紀錄，請確保您捕獲的資料與該客戶的完整詳細紀錄，包括姓名、地址、電話號碼都保持一致。否則的話，如果您要查找特定郵遞區號的客戶紀錄，則缺少的欄位值會導致查找發生問題。

及時性

交易資料會受時效性影響，例如，買賣股票的順序可能會影響買方的信用。及時性還應考慮到某些資料可能會過期。

此外，資料的品質也可能會受到異常值的影響。例如，如果您正在查看零售交易資料，非常大的購買金額可能表明該資料有輸入上的問題，比方說忘記小數點，而不是收入增加兩個數量級的指標。這就會是一個準確性問題。

確保考慮所有可能的值。在上面零售範例中，負值可能表示退貨，而不是「以負數美元購買產品」，這邊應該要以不同方式計算，例如，可能的影響會是平均交易金額，因為單次購買的購買和退貨會分別計算。

最後，還有資料來源的可信度。因為，並非所有資料來源都是相同的，例如從水銀溫度計蒐集而來的一系列溫度值，隨著時間推移，將從人類手寫的讀數轉換成連接感測器上蒐集的數值，這其中可能存在著差異。該感測器可能會控制相關變數，例如採樣時間，並將其與全球原子鐘同步。而寫在筆記本上的人工紀錄可能會有樣本採集時間上的差異，可能筆記本的內容會損毀，或者可能會有難以閱讀的筆跡。以相同方式看待這兩個資料來源相當危險。

為什麼資料品質很重要？

對於許多組織而言，資料會直接導致決策的制定：根據交易資料而編制的信用評分，可能會導致銀行以此決定批准抵押貸款與否。此類決策通常受到監管，例如必須蒐集有關信貸相關決策的明確證據。根據高品質資料做出抵押貸款決策，對客戶和放貸方都很重要。缺乏資料品質是缺乏信任和做出有偏見、不道德自動化決策的根源。例如，錯誤的列車到站資訊和過去列車準點到站與否，可能讓您無法信任火車時刻表，而導致您做出自己開車通勤的決定，進而否定大眾運輸交通存在的意義。

當從多個來源或領域蒐集資料時，資料準確性和相關環境將成為一個挑戰：不僅中央存儲庫對資料的理解可能與資料來源有所不同，例如異常值的定義方式以及部分資料處理方式；而且各個資料來源也可能在某些值的含義上彼此不一致，例如處理負值或填充缺失值的方式。要解決這樣的情況，可以在添加新資料來源時，確切檢查資料來源的資料準確性、完整性和及時性；有時需要手動檢查，並以資料分析師可以使用的方式描述資料，或者根據中央存儲庫中的規則，直接正規化。

當錯誤或非預期的資料被引入系統內時，通常沒有人工介入以檢測資料並做出反應。在資料處理的渠道中，每個步驟都可能引入非預期資料，並且放大後續步驟中的錯誤，直到呈現給使用者及用於業務用途：

- 在資料蒐集端點，可能會從與業務目標無關的資料來源中蒐集到低品質資料，如果不及早消除，可能會導致問題。例如，在行動裝置上展示廣告的次數或使用細節，其中一些資料是從工程研究室蒐集而來的，並不代表真實使用者的資料；而且來自研究室的資料可能在數量上占比極高。
- 資料著陸的步驟中，在正規化 / 聚合時，錯誤的資料可能會聚合到一個總和中並影響結果。
- 在資料分析工作中，連接不同品質的資料表可能會帶來意想不到的結果。

由於使用資料的業務面使用者不知道上述提及到的問題會如何影響資料採集鏈（參見圖 5-1），使得較早發生的決策 / 操作影響資料渠道中的後續步驟，以至於讓終端使用者基於錯誤資料而生成不正確的報告。

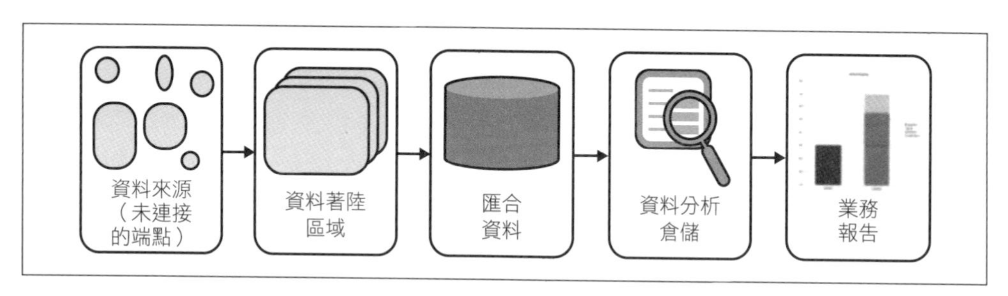

圖 5-1　簡單的資料採集鏈

如圖 5-1 所示，（非常簡單的）資料鏈中的任何步驟都可能導致錯誤資料，最終導致錯誤的業務決策。讓我們看幾個例子。

在線上地圖的早期開發階段，一家名為 MaxMind 的地圖服務提供商，是替定位服務提供 IP 地址的唯一供應商。當時，該公司做出了一個可說是相當合理的決定，即在美國中部、堪薩斯州北部靠近內布拉斯加州邊界的地方，設立一個「預設」地點。從那時候起直到最近，只要某個 IP 位址找不到對應的地圖位置時，地圖服務就會使用這個預設值作為定位地點。因此，每當從未知的 IP 位址檢測到非法活動時，而下游系統和人員也沒有意識到此預設值的含義時，執法部門會出現在美國中部的這個位置，並拿著搜查令要求搜查實際住在那裡的居民[1]。

一個較新的資料品質出錯範例是加州所蒐集的新冠肺炎（COVID-19）案例，加州將資料粒度從縣郡級的快速報告，轉向州級資料，這個決策導致不一致的資料。後來，加州更把採樣資料從「受測人員」改為「樣本檢測」，這讓有些人可能不只一次受檢測，造成另一個資料品質問題。然後在 2020 年 8 月，資料品質成為一個更嚴重的問題。

> 在一系列錯誤，其中包括與該國最大檢測實驗室之一的系統連線失敗之後，導致該州從 7 月下旬開始少報新冠肺炎病例。各縣被迫梳理電子表格以尋找可靠資料，而州政府則努力了解問題的範圍並加以解決。共有 296,000 條紀錄受到影響[2]。

受影響的各方花了將近一個月的時間才從這個資料品質問題中恢復過來。

由 Experian 執行，並由 MIT 史隆管理學院（MIT Sloan）研究人員發表的一項研究估計，對於大多數公司而言，不良資料的成本，這裡表示不良或未管理的資料品質，約為其收入的 15 至 20%[3]。該研究從企業部門抽取了 100 條「紀錄」或工作單元，然後以人工計算方式這些紀錄的誤差範圍。結果是驚人的 50% 錯誤率。2002 年時，資料倉儲研究所（TDWI）估計，糟糕的資料品質每年替美國企業造成的損失超過 7000 億美元，並且在那之後，這一個數字也急劇地增長。目前，IBM 估計每年「不良資料」的成本為 *3.1 兆美元*[4]。

1 Kashmir Hill，〈線上地圖的故障如何隨機地將位於堪薩斯州的農場變成數位化中的地獄〉（How an Internet Mapping Glitch Turned a Random Kansas Farm into a Digital Hell），《Splinter》，2016 年 4 月 10 日（*https://oreil.ly/jX3zM*）。

2 Fiona Kelliher 和 Nico Savidge，〈加州州長紐森表示，隨著積壓資料的清除，加州新冠肺炎病例正式減少〉（With Data Backlog Cleared, California Coronavirus Cases Officially Decreasing, Newsom Says），《Mercury News》，2020 年 8 月 14 日（*https://oreil.ly/MLjwe*）。

3 Thomas Redman，〈抓住資料品質的機遇〉（Seizing Opportunity in Data Quality），《MIT Sloan Management Review,》，2017 年 11 月 27 日（*https://oreil.ly/KzIhT*）。

4 IBM，〈巨量資料的四個 V〉（The Four V's of Big Data），「Big Data & Analytics Hub」（部落格）（*https://oreil.ly/N_xH1*）。

巨量資料分析中的資料品質

用於執行 PB 級資料分析的資料庫「資料倉儲」，很容易受到資料品質問題的影響。通常，為了將巨量資料放進資料倉儲時，須從多個當前的資料庫中提取、清洗、轉換和整合資料，以創建一個綜合資料庫。這是稱為提取－轉換－載入（ETL）的整組過程，用於促進資料倉儲的構建。資料倉儲中的資料雖然很少更新，但會定期地全部換新，並用於「只允許讀取」的操作模式。使用資料的方式也會影響資料的分析類型和預期用途。為支持零售業決策而構建的資料倉儲，每小時蒐集交易資料，並將數值四捨五入到最接近的 5 美分；它與為支持股票交易而構建的資料倉儲具有不同的資料品質需求，後者的交易時間需要準確到微秒，數值範圍從低於 1 美分的微交易，到跨越數百萬美元的交易。

與當前的資料庫環境相比，資料倉儲更加地重視資料品質問題。由於資料倉儲整合來自多個來源的資料，與資料採集、清理、轉換、鏈接和整合相關的品質問題變得至關重要。

我們之前談過這一點，但重要的是，要記住，適當的資料品質管理不僅有助於運行巨量資料分析的能力，而且有助於節省成本和防止生產力損失。當分析師越難找到和使用高品質的資料，再加上花費額外的工程時間來尋找和解決資料問題，您的成本就越高，分析輸出也會受到影響。此外，也不應低估資料品質管理不善對下游產生的影響，和與其伴隨來的成本。

AI / ML 模型中的資料品質

特別值得注意的是人工智慧（AI）/ 機器學習（ML）模型中的資料品質。概括地說，機器學習模型透過從現有資料以推斷預測未來資料，例如交易量。如果輸入的資料中有誤，機器學習模型可能會放大這些錯誤。如果以機器學習模型預測，將這些預測進一步輸入到模型中（一旦您真的這樣做了），其預測結果就會變成真實資料的一部分，因為它會將正向結果反饋循環至模型中，使得錯誤越來越多，機器學習模型就會因此受到損害。

可用於構建機器學習模型的資料，通常分為三個不重疊的資料集：訓練、驗證和測試。機器學習模型由訓練資料集開發。接下來，驗證資料集用於調整模型參數，以避免過度擬合。最後，測試資料集則用於評估模型性能。一個或多個資料集中的錯誤，可能會導致訓練出不準確的機器學習模型。請注意，手動清除所有資料集內的錯誤，和在穩健模型中允許一定程度的錯誤之間，存在著細微的差別。

品質勝過數量，即使在 AI 中也是如此

AI 產品經理必先擁有海量資料，才能有好點子，這是舉世公認的真理。AI 的復興始於 2014 年左右，其驅動因素是能夠在越來越豐富的資料集上訓練機器學習（ML）模型。智慧型手機的爆炸式增長、電子商務的興起以及物聯網設備的普及，帶來了資料量的激增，並且促使科技公司基於這些新資料以設計新服務或優化既有的服務。有了更龐大的資料集，就可以使用更大、更複雜的 AI 模型。例如，一個典型的圖像分類模型現在有數百層，而 1990 年代的 AI 模型只有一層。並且由於 GPU 和 TPU 等自定義 ML 硬體的可用性，以及在公有雲中分散式系統可分配工作的能力，使得此類模型變得非常實用。因此，AI 產品經理都會設法使用盡可能多的資料，以實現新產品。而 AI 模型的準確性及其代表現實世界的能力，則取決於它是否使用了盡可能廣泛、最具代表性的資料以訓練。

然而，在我們努力蒐集更多資料的過程中，也應該小心確保蒐集到的資料品質夠好。與大量低品質或完全錯誤的資料相比，少量但高品質的資料產生的結果要來得好多了。第二個有趣但沒有得到普遍承認的例子，是義大利北部針對減少水錶測試開銷所做的努力[5]。

由於去現場測試水錶（見圖 5-2）相當耗費成本；因此，這個工作的目標是根據水錶讀數來抓出那些故障的機械水錶。如果團隊可以使用 AI 僅透過水錶讀數來找出潛在故障，將節省大量成本。例如，如果水錶的指針往回跑，或者如果顯示的消耗水量完全不合理，例如比整個社區供水量還多，就可以確定這隻水錶有問題。當然，這也取決於任何水錶自身過去用水量，有著一

5 *https://oreil.ly/7O_YC*

間衛浴和小花園的房屋，往往會消耗一定水量，並且該用水量會隨季節而變化。因此，水錶的讀數若是有巨大的偏差值，就會很可疑。

圖 5-2　義大利使用的機械式水錶，由人工讀取錶盤抄寫數值。照片由 Andrevruas 提供，Creative Commons License 3.0[6]

該團隊從 100 萬個機械式水錶所產生的 1500 萬個讀數開始。這些資料足以訓練循環神經網絡（RNN），這是一種進階的時間序列預測方法，但是倘若資料量不足，就必須改採用 ARIMA（一種自我回歸綜合移動平均模型）之類的方法。當團隊開始工作時，資料內容已經是數值型態，因此不需要對其做任何資料預處理，只需將其輸入 RNN，並進行大量超參數調整即可。簡而言之，這個解決方案的想法是使用 RNN 來預測水錶讀數，並將其結果與實際值之間的巨大落差視為該水錶故障。

6 *https://oreil.ly/tHyCu*

結果如何呢？該團隊指出：

> 最初，我們嘗試訓練 RNN，但沒有特別注意用於訓練的資料品質和局限性，結果導致意想不到的負面預測結果[7]。

他們回到白板前，更仔細地查看所擁有的 1500 萬個讀數。事實證明，這些資料存在兩個問題：錯誤且編造。

首先，其中一些資料錯誤百出。但水錶讀數怎麼會出錯？顧客不會抱怨嗎？原來，從讀取水錶到用戶取得的過程包括 3 個步驟：

1. 現場技術人員抄寫機械式水錶讀數
2. 將技術人員抄下的水錶讀數輸入至公司 ERP 系統
3. ERP 系統計算帳單

如果任一筆資料輸入錯誤，客戶可能會打電話投訴；但也只是更正帳單，水錶讀數可能仍然是錯誤的！因此，人工智慧模型將會接受錯誤資料的訓練，並將其訓練結果當作是正確的輸出。而這種錯誤的資料結果，大約占所有觀測數值的 1%，這大約是實際上出現故障的水錶的比例。所以，如果水錶確實回報如此糟糕的值，而模型並沒有基於訓練做出預測，並且也只是在拋硬幣瞎猜而已；若是歷史資料確實出現這些劇烈波動時，包括出現負值，有一半原因是因為抄錶的輸入錯誤，另一半是當時的水錶壞了。因此，這導致了 RNN 正在接受的是伴隨雜訊的訓練。

再者，部分資料可能是人為編造的。因為派遣技術人員到現場處理的成本如此之高，以至於有時候的新數值只是依據過往資料而推算出來，並向客戶收取合理費用。然後在下一次真正到場抄錶時再來彌補差距。例如，實際測量可能在 1 月進行，3 月跳過，5 月趕上。因此，3 月向客戶收取的價格並不是真實的。有鑑於此，人工智慧模型正在接受非真實資料的訓練，其中有 31% 的「測量值」實際上是插值。此外，事後的重新調整亦給資料集增加了很多雜訊。

7 Marco Roccetti 等人，〈資料量越大越好嗎？機器學習設計中心的爭議之旅，使用和誤用巨量資料預測水錶故障〉（Is Bigger Always Better? A Controversial Journey to the Center of Machine Learning Design, with Uses and Misuses of Big Data for Predicting Water Meter Failures），《Journal of Big Data》，70 期，（2019 年 6 月）（*https://oreil.ly/7O_YC*）。

在糾正所有與計費相關的錯誤和內插值後，RNN 檢測到故障水錶的準確率為 85%；至於簡易的線性回歸模型的準確率為 79%。然而，為了達到這樣的目標，他們不得不丟棄大部分原始資料。換句話說，品質勝過數量。

良好的資料治理制度會小心地將計費更正傳播回原始資料源頭，並對測量值和插值進行不同的分類。良好的資料治理制度將從一開始就強制要求資料集的品質。

為什麼資料品質是資料治理計畫的一部分？

總而言之，在規劃資料程式時，資料品質絕對重要。組織經常高估他們擁有的資料品質，且低估不良資料品質所帶來的影響。應該利用相同的程式以管理資料生命週期和控制資料品質；並且同步地計畫如何應變不良資料品質事件之影響。

資料品質技術

在討論資料品質的重要性之後，讓我們回顧一些清理資料、評估品質和提高資料品質的策略。一般來說，在資料渠道中越早準備、整理、消除歧義和清理資料越好。同時需要注意的是，對於不同業務目的 / 不同團隊，資料處理流程也會有所不同；因此，可能很難在渠道的上游清洗資料，而需要將該清洗任務移至下游，交給各個團隊自行判斷處理。但是此處有一個例外，如果在資料分析管道的後期會進行匯總工作的話，它將導致資料變得較為簡略概要，則清理資料工作所需的關鍵資訊可能會隨著離散值的聚合而丟失，因此這種情況可能較適合將清洗工作移至上游執行。有鑑於此，我們將重點介紹資料品質的三個關鍵技術：優先順序、註釋和分析。

將業務案例與資料使用相互配對的重要性

2020 年 10 月一場脊椎動物古生物學學會的線上研討會中，會議參與者發現線上問答環節中的翻譯、字幕和聊天室中出現奇怪的亂碼而感到困惑。經過一番調查後，發現諸如「骨頭」、「球狀凸出物」和「痙攣」這些詞在討論化石時經常用到的字詞，卻遭到禁止使用，所以線上參與者看不見[8]。

根本問題在於，為大會提供支援的線上會議平台是為教育而設計的，不是為科學研討會而設計。因此，系統內建的「頑皮字詞過濾器」會將參與者的溝通用字做適當的過濾和移除，進而導致此次事件的發生。

過濾器會自動過濾平台上顯示的所有文字形式資料，並移除某些認定「不適合學校」的詞。在討論古生物學時必不可少的詞，例如「骨頭」（bone）[9]，在預設的教育環境下是不合適的。最糟糕的是，即使是「恐龍」（dinosaur）一詞，顯然也不合適。

當一位研究人員發現「Wang」是被禁詞之一，而「Johnson」卻不是時，這種過濾引起了轟動。這個問題引入了嚴重的無意識偏見，因為這兩字都是常見的姓氏，也都有各自的俚語意思。

最終，問題很快得到解決，大眾對這個錯誤一笑置之並在社群媒體上分享這個意外事件。然而，就本書目的而言，這個故事提供一個重要的教訓：任何資料系統，例如本欄中討論的字詞過濾系統，都必須在開發時盡可能完整考慮到可能的使用情境。顯然地，如果當初設定的目標使用者是整個商業環境，則針對學生的使用體驗與參加研討會學者的使用體驗，必須有所區別才行。

圖 5-3 除了強調資料品質必須與特定業務案例相關連的觀點，還傳達關於資料治理上更微妙的觀點。即在不同的使用案例之間共享「禁用詞列表」，並且告知各別的參與者，該系統會納入其他使用案例以及相關詞列表。

---

8 Poppy Noor，〈過分熱心的髒話過濾器禁止古生物學家談論骨頭〉（Overzealous Profanity Filter Bans Paleontologists from Talking About Bones），《Guardian》，2020 年 10 月 16 日（*https://oreil.ly/XHU2z*）。

9 譯者註：「bone」在美國粗俗俚語中指與某人發生性關係，下文的「dinosaur」一詞則用來指守舊或無法適應現代的人，「Wang」和「Johnson」都是姓氏，也都是指代男性生殖器官的粗俗俚語。

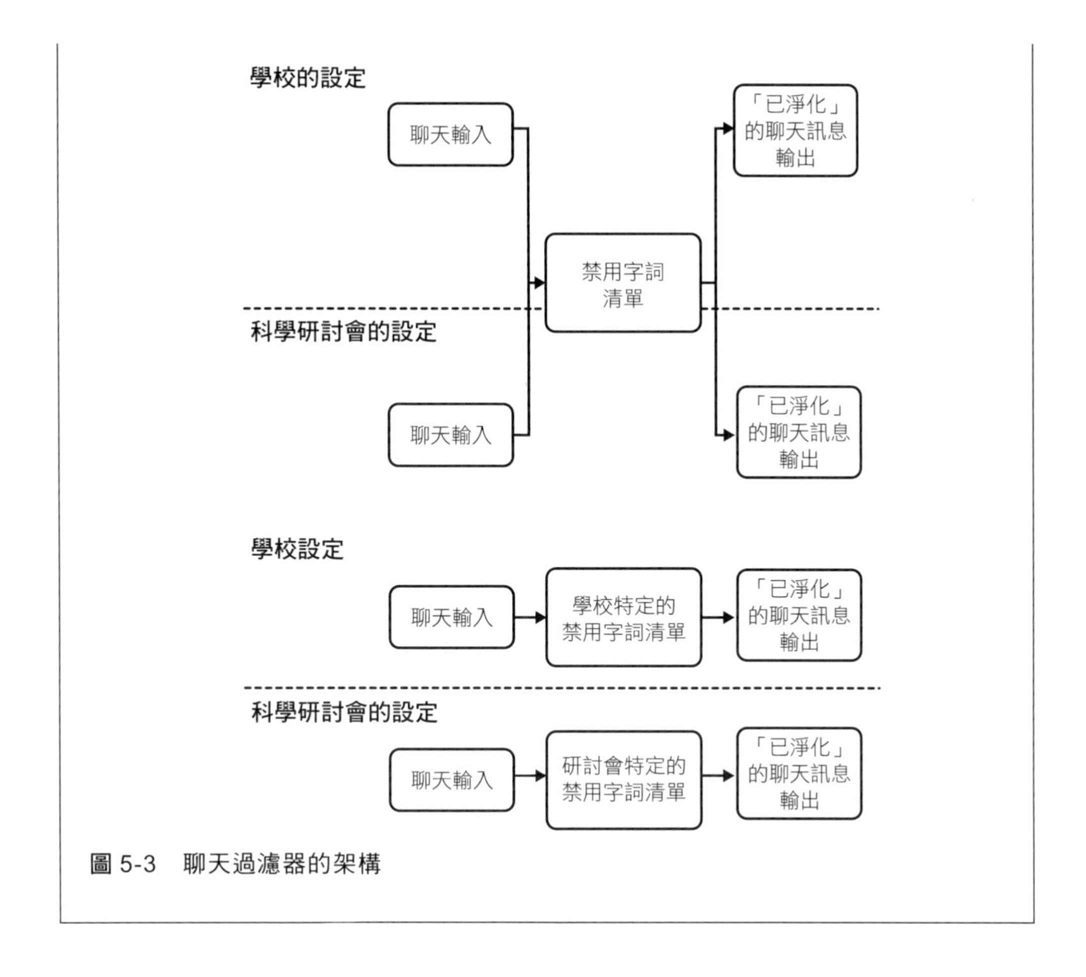

圖 5-3　聊天過濾器的架構

記分卡

在您的組織中為資料來源創建記分卡。有用的記分卡包括有關資料來源及其準確性、完整性和及時性資訊。資料渠道構建者將使用此記分卡來決定使用資料的方式、位置以及目的。更普通的資訊，例如負責資料管理、請求存取資料的人員等等，也可以被包含在計分卡之中，這些對資料的評估和使用非常有幫助。

優先順序

首先，確定**優先順序**：資料來源不同，每個來源的用途也不同。例如，用於確定醫療行動優先等級的資料來源，與用於顯示大廳人流「熱圖」的資料來源肯定來自不同的地方。應該在考慮最終業務目標的情況下，執行優先等級排序。資料歷程可以幫助回溯資料，並為不同的業務目標重新定義其來源。透過監控資料的歷程（更多資訊請參見第 48 頁「資料歷程追蹤」）以了解其來源和最終用途，以便可以優先分配資源，給更關鍵的資料來源。

註釋

其次，**註釋**能確保您有一個標準化方法，將「關於品質的資訊」附加到資料源。即使您不能為每個來源提供詳細的記分卡，但能夠藉由註解以證明「此資料已審查過」或「此資料仍未審查」也是同樣具有某種程度上的價值。隨著您改進資料品質程式，您可以進一步地將更詳細的資訊附加到資料集上。總而言之，先從小地方著手進行，清楚地註釋手頭的資訊，以免它變成「只有內部才懂的知識」，並在知道的人離開後逐漸地失傳。

一種常見的註釋技術是將品質工作「外包」出去，藉由允許使用資料的人，根據他們在使用過程中所觀察到的資料品質，對資料「投票」或「打星星」。這樣的做法能讓許多人觀察資料品質。資料通常不受信任，但如果您從一個預設是良好品質的資料開始，並在向組織的其他部門發出品質訊號之前，先分配一個管理員來審查此高評價的資料，就可以有效地練習公正的資料品質計畫。（不過，這不是本章唯一建議！）

只有內部才懂的知識所帶來的一連串問題

雖然您肯定已經非常熟悉克服對只有內部才懂的知識，這類型的掙扎。但以下是一個有趣的使用案例，它進一步說明了，忽視註釋可能會帶來多大的問題。

我們與一家醫療保健公司談過很多次，該公司正經歷著與缺乏註釋和依賴只有內部才懂的知識等各種問題。這家公司發展迅速，最近進行了幾項新的收購，部分好處是得到原公司擁有的資料。這家公司的願景，就是希望利用這些新收購而來的資料，加上自己原有的資料來運行一些非常強大的分析，以強化業務影響力。然而，該公司遇到一個嚴竣挑戰：企業字典、元資料管理和資料品質管理。在他們收購的公司中，上述這些都很薄弱或根本不存在。這些公司大多數都依賴只有內部才懂的知識，但收購後，許多擁有這種知識的員工已不在公司工作。這導致大部分獲取的資料因為沒有得到妥善管理，最後只能被冷落在存儲系統中，雖然占用空間但無法提供任何商業價值。

透過這個問題，公司開始意識到集中治理策略並且支持快速擴展的重要性，這樣即使再次收購其他公司，未來也有望不再發生這個問題，或者至少情況不會這麼嚴重。

剖析

資料剖析從如何描述該資料開始：關於一系列資料數值，例如最小值、最大值、基數等資訊；強調資料內的缺失值，和相對於平均分布，超出範圍的異常值。查看資料配置文件可以確定什麼是合法值，例如，我對資料異常值是否滿意，或者我是否應該排除這些紀錄？和該數值含義，例如，用以描述收入值的某一行出現負值是否適當，還是我應該排除它？

以下將詳細介紹幾種資料剖析和清理技術。

刪除重複資料

在量化系統中，每條紀錄應該只有一個真實意義。但是，在許多情況下，相同的紀錄或值實際上會重複出現，從而導致資料品質問題，並可能會增加處理成本。例如，如果有一個支援冗餘性的交易系統並且賦予唯一 ID 給每一筆交易，當因網路傳輸問題而出現同樣 ID 的多筆交易時，您可輕鬆地藉由給定的 ID 以刪除重複的交易資料。另一個範例情境是關於處理客戶請求的相關工作，例如，您可能正在編寫文章用以解決某些客戶支援的問題，但客戶所提交的請求都是自行輸入的標題，因此要找到合適的方法來合併這些請求並引用到該回應文章，是非常重要的關鍵步驟。

刪除重複名稱和地點

資料表內的實體可能需要解析或消除歧義。資料集中最常見的兩個實體是姓名和地址。如果要刪除重複紀錄，則這兩者都需要適當解析。例如，同一個人可以稱為「吉兒・拜登博士」、「吉兒・拜登」或「拜登夫人」。在這三組紀錄中，可能需要用一致的標識符以替換名稱。

如圖 5-4 所示為例，在書目中刪除重複作者姓名所帶來的影響。Robert Spence 亦可稱為 Bob Spence 和 R. Spence。結合所有這些紀錄，用一個統一的稱呼替換不同的姓名，可以極大地簡化這些不同稱呼彼此間的關係，並使獲得見解變得更加容易。

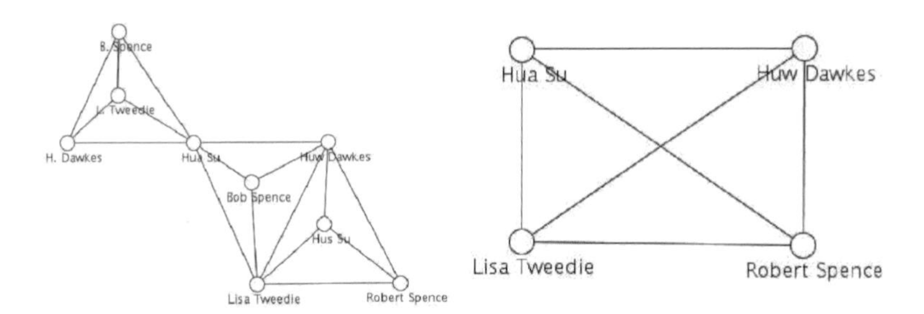

圖 5-4　刪除重複資料可以明顯簡化資料集的複雜性。例如，Lisa Tweedie 也可稱為 L. Tweedie。本圖改編自 Bilgic 等人的論文，2004 年[10]。

對於刪除重複名稱，請考慮使用 Google 知識圖譜搜索 API[11] 等工具，或者透過 Akutan[12] 等開源 API ，並從您的既有工具集合中自行構建合適工具。

與名稱問題雷同，「紐約證券交易所」、「華爾街 11 號」、「華爾街和布羅德街交叉口」、「華爾街和布羅德街」或無數個稱謂組合中的任何一個，都可視為同一地點（location），即「紐約證券交易所」。如果快遞交付的包裹，已經被標示送達多個版本的此處，但仍是指同一個地點，您可能會希望對該地點進行規範表示，並將該地點的多個版本都合併至這個表示方式。

10　*https://oreil.ly/9Dt0t*

11　*https://oreil.ly/f7QnZ*

12　*https://oreilly/A4Hp6*

此表單的地址解析由 Google Places API[13] 提供，它返回一個地點 ID，一個唯一標識地點的文字形式標識符。地點 ID 適用於大多數位置，包括企業、地標、公園和十字路口，並且會隨著企業關閉或搬遷而改變。因此，將 Google Places API 與 Google Maps Geocoding API[14] 相結合以即時生成實際位置會很有幫助。因此，雖然「紐約證券交易所」和「華爾街 11 號」這兩個地址會產生不同的地點 ID，如圖 5-5 所示，但若進行地理編碼，終將返回相同位置，畢竟紐約證券交易所也有可能搬遷！

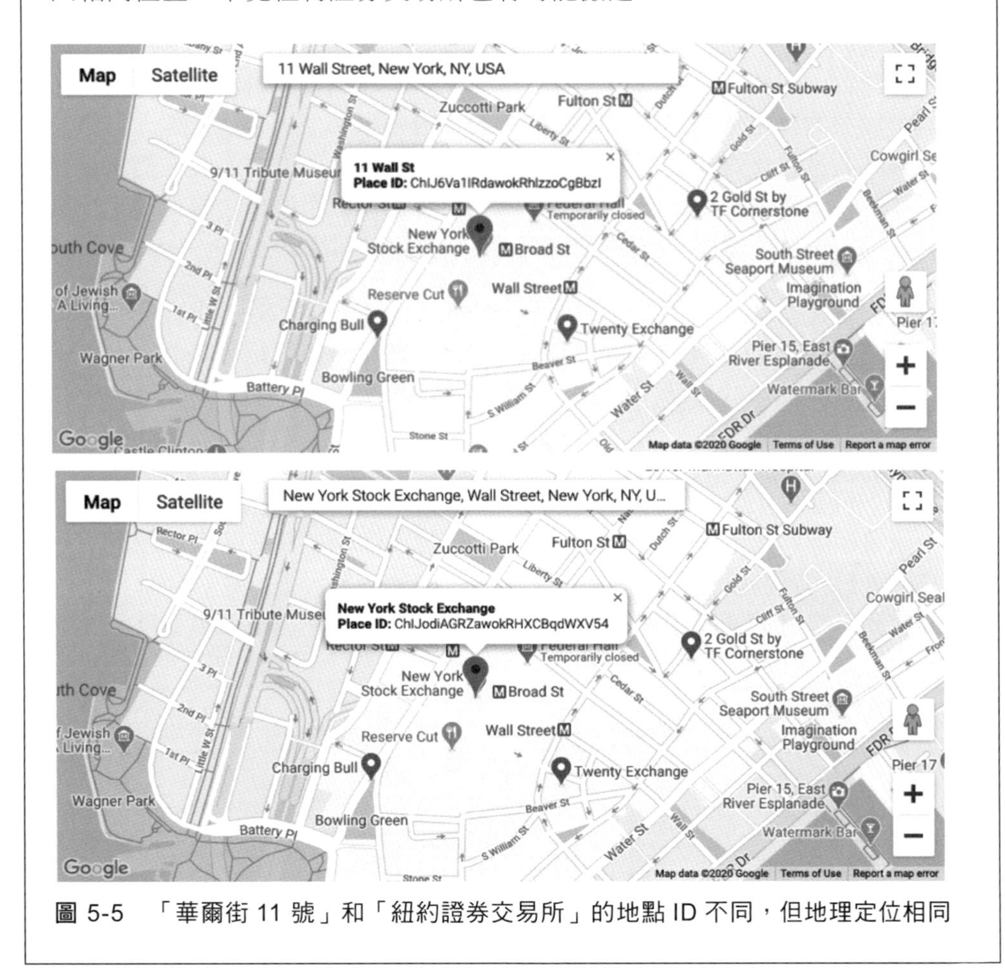

圖 5-5　「華爾街 11 號」和「紐約證券交易所」的地點 ID 不同，但地理定位相同

13 *https://oreil.ly/suU1I*

14 *https://oreil.ly/umbBx*

資料異常值

另一種策略是儘早識別資料的異常值並消除它們。例如，在一個只接受自然數，也就是 1 到無窮大之間的範圍，不包括分數的系統中，例如街道地址中的門牌號，若是發現負數或小數會很奇怪，因此，比起手動修復它，刪除包含異常值的整筆紀錄可能來得更為合理。在識別資料的工作上，建議您謹慎行事，例如貝克街 221b 號是虛構的夏洛克．福爾摩斯住所。但是由於因為所有的福爾摩斯迷都希望它是真實的！因此，英國皇家郵政不得不將它識別為真實的郵政地址，但是寄往 221b 號的郵件，則會重送至位於貝克街 239 號的福爾摩斯博物館。

對欄位值而言，要使其一般化和適當地縮放數值：在構建資料集時，請確保您可以為盡可能多的欄位值確定它的最小值、最大值和預期值，包括分數、負數、字串、零等，並且包含對非預期數值的清理邏輯，或以其他方式處理它們。這些操作最好在前期處理階段就完成，而不是等機器學習模型中的聚合操作或使用之後才完成。因為資料處理後，即使發現問題，亦會很難回溯 / 根除。

極端值不一定是異常值，必須小心看待。例如，一個完美的 SAT 成績是可能的；但是，美國 SAT 分數範圍是 400–1,600，超出此範圍的值就是可疑的。當查看值的分布以及分布曲線的形狀，「鐘形」曲線的極端邊緣與具有兩個峰簇的分布曲線，應視為不同。

請參考圖 5-6 中的分布範例，顯示預期的資料使用案例。在此範例中，預期鐘形曲線伴隨邊緣突然出現峰值，應促使分析師進行更多手動調查和資料理解，以排除潛在的資料品質問題。記得不要在不調查這些值的情況下自動忽略它們，因為有時候這些異常值不是低品質資料的結果，而是應該在使用案例中加以說明的特殊現象。

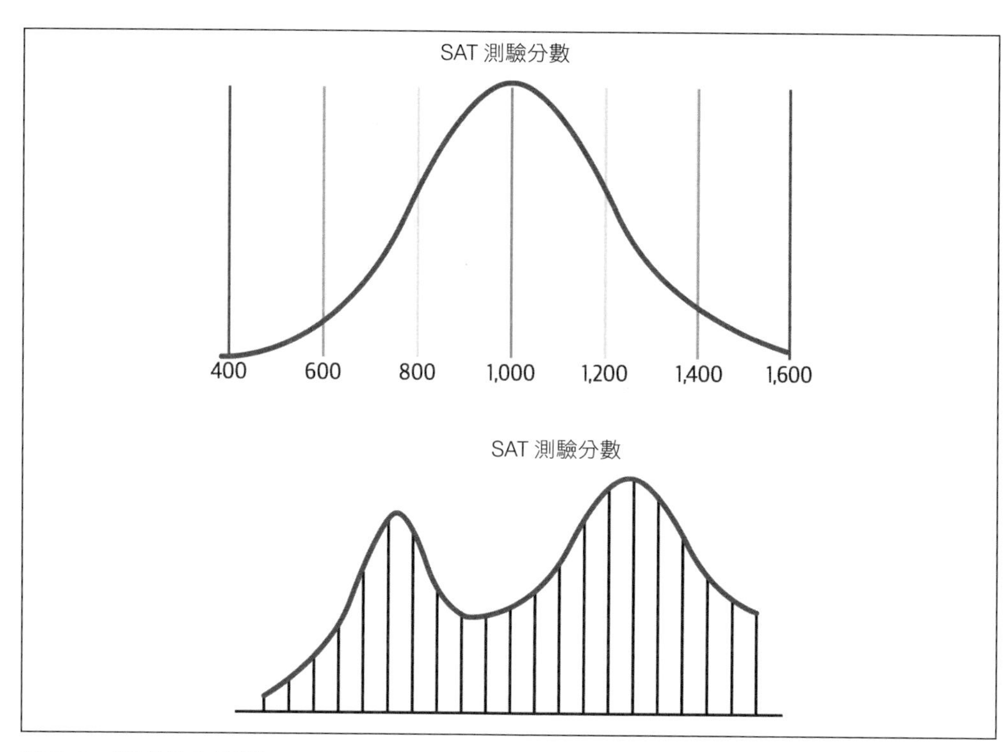

圖 5-6　資料分布範例

歷程追蹤

如前所述，資料的*歷程追蹤*是一種力量倍增器。如果您能識別出高品質的資料集，就可以關注那些高品質資料來源的使用，並對衍生結果發表意見。此外，如果您可以識別低品質資料集，則可以假設作為一個（或多個）低品質資料來源，其相互乘積的結果也會是低品質的。因此，一個有用的資料歷程結論應該能指示如何使用資料。

此外，透過歷程追蹤，您可以從關鍵使用案例和其結果（例如儀表板）回溯，並了解哪些資料來源正在提供這些資料。至少，對於所有關鍵決策，您應該優先考慮評估其資料來源的品質。

這種按照資料來源以監控品質的過程不應該是一次性的，而應該在每次設置新的儀表板 / 最終產品時使用。並且應該對其定期審查，因為如果管理得當，早期發現的好處可能非常重要。針對經常受忽視的不良資料，先前的章節已經討論它所能帶來的影響。

資料完整性

在某些情況下，有些資料的欄位會缺乏值，例如沒有地址的客戶紀錄，或沒有編號以供追蹤的交易資料。應考慮這類的特殊情況，並在知情的情況下做出是否剔除不完整紀錄的決定，資料量雖然會「減少」但也會更「完整」。或者，接受不完整的紀錄，但確保在該資料集上納入對該筆紀錄的註釋，以表明它包含此類情況，並註明哪些欄位「可以」丟失，以及取代這些遺失數值的預設值（如果有的話），這在合併資料集的情況下尤為重要。

合併資料集

在提取－轉換－載入（ETL）的過程中，通常您應該了解來源資料集中所使用的特殊值，並在轉換 / 聚合資料欄位期間，為它們騰出空間。如果一個資料集使用「null」表示沒有資料，而另一個資料集使用「0」，請確保此資訊可供未來的資料使用者參考。並且確保連接過程中將這兩個值化為一致，不管是空值還是 0，在範例中都具有相同含義。當然，以這個特殊的新值作為紀錄。

對資料集來源進行品質排名以解決衝突

當合併來自不同供應商的多個資料集時，另一個話題會浮現在腦海：如果不同來源的資料集包含相同的欄位，但其中某些欄位具有不同的值，該如何應對？這是金融系統中的一個常見問題，例如，交易資料是從多個來源蒐集的，但有時在特殊值的含義上會有所不同，如 0、-1。解決這個問題的一種方法是為每個資料來源附加排名，在發生衝突的情況下，以排名最高的資料來源紀錄為主。

資料和資料品質的意外來源

任一家麥當勞分店的冰淇淋機壞掉時，想必許多麥當勞粉絲都會感到失望。事實上，這個問題的確困擾著德國一名叫做 Rashiq 的年輕麥粉，以至於他對麥當勞應用程式進行逆向工程，找到它的 API，並研發一種方法來確定特定分店的冰淇淋機是否正常運行。

Rashiq 測試此程式碼，並建立了一個名叫 *mcbroken.com* 的網站，該網站會報告全球麥當勞每個分店的冰淇淋機狀態（圖 5-7）。

rashiq
@rashiq

我對麥當勞的內部 API 進行了逆向工程，此刻，我每一分鐘都會下一個價值 18,752 美元的訂單至全美每一間麥當勞分店，以找出那些冰淇淋機壞掉的分店。

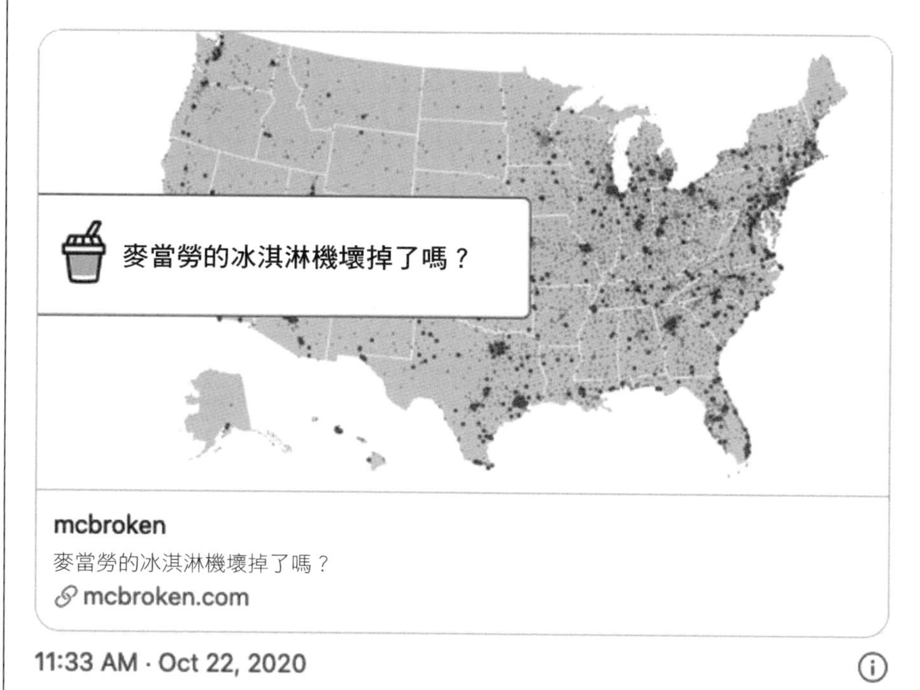

圖 5-7　Rashiq 的推特貼文

然而，Rashiq 的程式碼有一個缺點。為了確定冰淇淋機是否正常運行，Rashiq 讓機器人創建冰淇淋訂單，並將冰淇淋添加到購物車。如果操作成功，Rashiq 就將該分店中的冰淇淋製造機標記為「可正常使用」。這導致全球麥當勞門市有數千份未完成的冰淇淋訂單。然而，麥當勞的資料團隊顯然能夠控制 Rashiq 的訂單，麥當勞資料分析總監的回覆可以證明這點。儘管如此，麥當勞的公關主管還是在推特上做出回應：「我喜歡這個點子」（I'm Lovin' It）。

McD Truth @McD_Truth · Oct 22, 2020

Replying to @carlquintanilla and @rashiq

Carl，真讓人印象深刻。

沒錯，我們的確如此設定：當冰淇淋機出現故障時，餐廳會將店內的產品標記為「不可用」狀態；當機器恢復正常服務時，再將其狀態標示為「可用」。我之前沒發現這樣會有問題，現在已修復了。

David Tovar
@dwtovar

只有真正的麥當勞粉絲才會不遺餘力地幫助顧客買到我們的美味冰淇淋！謝啦！這讓我們有更多機會透過甜食以持續滿足更多顧客需求，而我們將持續下去。

5:31 PM · Oct 22, 2020

173　43 people are Tweeting about this

圖 5-8　麥當勞回應 Rashiq 的貼文

總結

資料品質確保資料的準確性、完整性和即時性，與所考慮的業務使用案例相關連。不同類型的業務使用需要不同級別的上述內容，在基於這些資料來源以組成分析工作流程時，您應該努力保留資料來源的計分卡。

藉由不良資料的範例，我們回顧資料品質的重要性和在現實面的影響。我們已經討論幾種提高資料品質的技術，如果要在本章總結一條關鍵要領的話，那就是：對於資料品質，儘早處理、盡可能靠近資料來源，並監控資料的最終產出結果。在為不同的分析工作流程重新調整資料用途時，須重新訪問資料來源，並查看它們是否適合新的業務任務。

第六章

動態資料治理

資料，尤其是用於透過資料分析以獲得洞察力的資料，是一種「活著的」媒介。我們往往從多個來源蒐集各種資料，再將它重塑、轉換並塑造成可用於不同使用案例的各種模式：從標準化的「交易表格」以允許預測下一季的業務需求，到儀表板以顯示剛種下的作物，其過往的產量等等。

資料治理應該在這些轉換中保持一致，並允許更高的效率和不會帶來相互衝突的安全性。此外，資料治理不應該引入額外的工作量，強迫資料使用者基於自己的需求以重塑和蒐集資料的同時，還要註冊和注釋那些裝載新資料的地方。

本章將討論如何藉由分析「動態」資料，以實現無縫資料治理的可能技術和工具。

資料轉換

實務上有不同資料轉換方法，所有這些方法都會影響治理，我們應該在深入研究之前了解這些資料轉換方式。通常這些過程統稱為提取－轉換－載入（ETL），這是一個通用短語，用於表示在系統之間移動資料的各個階段。

提取資料意味著從存儲資料的系統中取得資料，例如舊有的資料庫、文件或網絡爬蟲操作的結果。資料的提取是一個單獨的步驟，因為提取資料的行為是一個耗時的檢索過程。將提取階段視為資料渠道中的第一步是有利的，它允許後續步驟可以平行批次處理那些提取出來的資料。當從來源中提取資料時，適當地執行資料驗證會很有幫助。它確保檢索到的數值「符合預期」（記錄的完整性及其準確性與預期值相符，參見第五章）。隨著資料渠道各個步驟的逐步進行，您可能會失去來源資料的前後關係。但如果您在當下的環境中執行資料驗證，則在資料渠道後面階段所執行的不同計算結果，將不會影響前面步驟的資料驗證工作結果。前面的章節曾討論資料的準備，這是資料驗證過程的一個例子。被提取和驗證的資料，通常位於業務面使用者無法存取的**臨時區域**，資料擁有者和資料管家會在此處執行上述的驗證檢查。

轉換資料通常涉及對資料的正規化：消除異常值、將多個來源連接成單個紀錄（資料表中的某列）、在相關欄位做聚合，甚至將單個複合行拆分為多個行。請注意，任何早期進行的正規化以及任何類型的資料清理，都會刪除資料中一部分的資訊；而在不清楚清理級別的情況下，這些資訊的價值可能因此忽略。有鑑於在提取資料的過程中，可能會不經意地刪除掉有助於業務面發展的新資訊，您應該做好資料轉換階段的背景資訊紀錄工作，並且視情況重新訪問資料的來源。在此階段，如果您要從新來源提取資料，為該資料來源創建一個記分卡或許是一個好主意，對該資料源描述一些環境資訊，以及那些在轉換過程中可能不會保留的背景資訊。有關記分卡的更多內容，請參閱第 125 頁「記分卡」章節。

最後，載入流程將資料放入其最終目的地，通常是具有資料料分析能力的倉儲，例如 Google 的 BigQuery、Snowflake，或 Amazon 的 Redshift。

值得注意的是，隨著資料倉儲解決方案變得越來越強大，資料轉換流程有時會移到資料倉儲解決方案中執行，將提取－轉入－加載（ETL）重新命名為提取－載入－轉換（ELT）。

隨著資料經歷轉換，至關重要的不僅是保持原本所表達的意義，也要保持資料的一致性和完整性。保持原始意義、一致性和完整性將允許衡量資料的可信度，是資料治理的重中之重。

歷程

在討論資料轉換之後，重要的是注意資料歷程所扮演的角色。歷程或出處是指資料在提取－轉換－載入（ETL）和其他移動過程中，所採用的「路徑」紀錄。當新的資料集和資料表在整個資料生命週期中經歷創建、丟棄、以及普遍被使用時，歷程可以是資料來源，也就是創建、轉換、導入的視覺化表示方式，它應該有助於回答「為什麼這個資料集會存在？」的問題，和「資料從何而來？」

為什麼歷程很有用？

當資料在您的資料湖泊中移動時，它會與來自其他地方的資料，混合並且交互作用以產生**洞見**。但是，元資料，也就是有關資料來源及其分類的資訊在資料傳輸過程中有丟失的風險。例如，對於給定的資料源，您可能會問「這個來源的資料品質如何？」因為，它可能是高度可靠的自動化過程，也可以是人工建立 / 驗證的資料集。由於不同來源的資料會混合在一起，而這些描述資料的背景資訊有時會丟失，以致於您可能不太信任其他來源的資料。有時甚至希望放棄混合某些資料源以保持真實性。

除了資料品質之外，另一個可能存在於元資料的常見訊號是**敏感性**。人口普查資訊和最近獲得的客戶電話清單具有一定程度的敏感性，而從公開可用的網頁上抓取的資料可能具有另外一種的敏感性。

因此，資料的敏感性和品質，以及其他可能在源頭上可用的資訊，都應該過濾到最終的資料產品中。

資料來源的元資料資訊，例如敏感性、品質、資料是否包含個人識別資訊（PII）等，可以支持是否允許混合某些資料以輸出最終結果、是否允許存取該資料以及該資料應該給誰等等的決策。在混合某些資料以輸出結果時，您需要追蹤其資料來源。而且，預計使用這個資料結果以達成的業務目標尤其重要，因為創建的資料產品應該要有助於實現該業務目標。例如，假設業務目標要求資料在單位時間內須具有一定的準確性，請確保資料歷程不會在處理資料時，降低時間單位的精準度。由此，我們可以得知歷程對於有效的資料治理政策至關重要。

如何蒐集歷程？

理想情況下，從資料的開始到結束，您的資料倉儲或資料目錄將擁有一個可檢視任何被使用的資料產品、儀表板或模型的功能，並且可以蒐集沿途中每個動作的歷程。但這樣的做法很少見，而且很可能會有盲點。對每個資料產品，您將不得不推論相關的資訊，或者以其他方式手動整理資訊以縮小與事實的差距。一旦您獲得此資訊後，便可根據其可信度，將其用於治理目的。

對於成功的企業來說，資料以指數型速度累積很常見；隨著資料的增長，在歷程蒐集過程中，允許越來越多的自動化，並依次減少對人工管理的依賴相當重要。再次強調，自動化很重要，因為正如本章所示，歷程可以在資料治理方面產生巨大差異，而在資料治理路徑上加入的任何人為中斷點，都會阻礙組織發展將資料作為資源的能力。此外，資料歷程的任何不連續性，例如由於人為介入所產生的錯誤，可能會對資料產品的衍生產生更大影響，而導致更難獲得信任。簡而言之，自動化建立資料歷程並且盡量地減少人為的介入，有助於資料產品的發展與獲取終端使用者的信任。

另一種蒐集 / 創建歷程資訊的方法，是連接到資料倉儲的 API 日誌檔。API 日誌檔應包含所有 SQL 工作，以及所有程式化的資料渠道，如 R、Python 等。如果有一個理想的工作稽核日誌檔，您可以用它來創建一個歷程圖。例如，這允許創建資料表的指令以便於回溯至先前資料表的模樣。但這樣的做法不如即時地記錄歷程有效，因為它需要回溯日誌檔和批次處理。但是如果您關注的是資料倉儲中的歷程，這種方法可能非常有用！

歷程類型

在討論歷程的可能應用時，資料歷程的詳細程度很重要。通常，您至少需要資料表格 / 文件這樣級別的歷程；也就是說，這個表格是該流程和其他表格的綜合產物。

圖 6-1 是一個非常簡單的歷程圖，透過 SQL 指令將其中兩個表格連接起來以創建第 3 個表格。

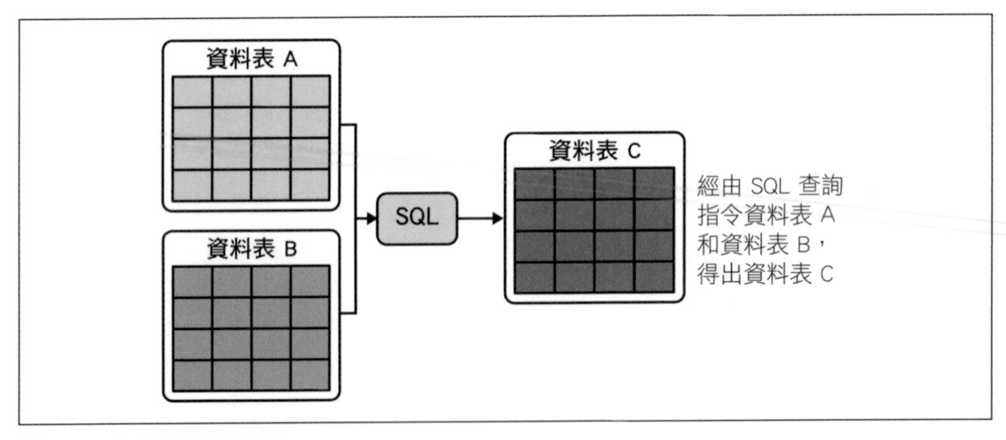

圖 6-1　表格等級的歷程

行 / 欄位等級的顆粒度更有用：例如，「這個表中的某一行和另一個資料表中的某行以下，組成新資料表。」在談論行等級的顆粒度時，您可以開始談論追蹤的特定類型資料。在表格形式為結構化的資料中，一行通常只是代表一種資料類型。在此，我們以追蹤個人識別資訊（PII）作為業務面的範例：如果您在資料來源中標記哪些行是個人識別資訊（PII），您可以在移動資料和創建新資料表時，繼續追蹤此個人識別資訊（PII），並且您可以自信地回答哪些資料表具有個人識別資訊（PII）。在圖 6-2 中，資料表 A 中的兩行與資料表 B 中的兩行相結合以創建資料表 C。作為舉例，如果這些來源行是「已知的個人識別資訊」（PII），您就可以使用歷程，來確定資料表 C 現在也有包含個人身分資訊。

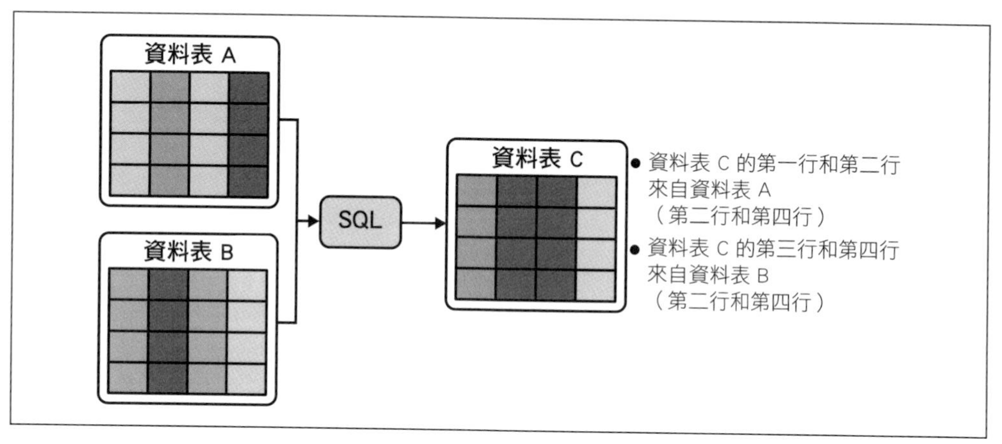

圖 6-2　行等級的歷程

列等級的歷程允許有關交易的資訊表達，而資料集等級的歷程則允許表達有關資料來源的粗略資訊。

更精細的存取控制

我們在研究和採訪中最常聽見的使用案例之一是，雖然專案 / 文件級別的存取控制有效，但能夠更精細地控制存取，依然是需要的功能之一。例如，行等級的存取控制，可能是「提供對該資料表的第 1-3 行和 5-8 行的存取權限，但不提供對第 4 行的存取權限」，會在您願意的情況下，允許您鎖定該資料的特定行數，並仍然允許存取該資料表中的其他部分。

此方法特別適用包含大量有用、相關的分析資料，但也可能包含一些敏感資料的資料表。最典型的例子是電信公司及其零售店交易。每個零售店的交易日誌檔不僅包含每件商品的購買資訊、日期以及價格等，而且還可能包含購買者的姓名。圖 6-3 描述範例系統，說明了一個基於標籤或屬性的存取控制。

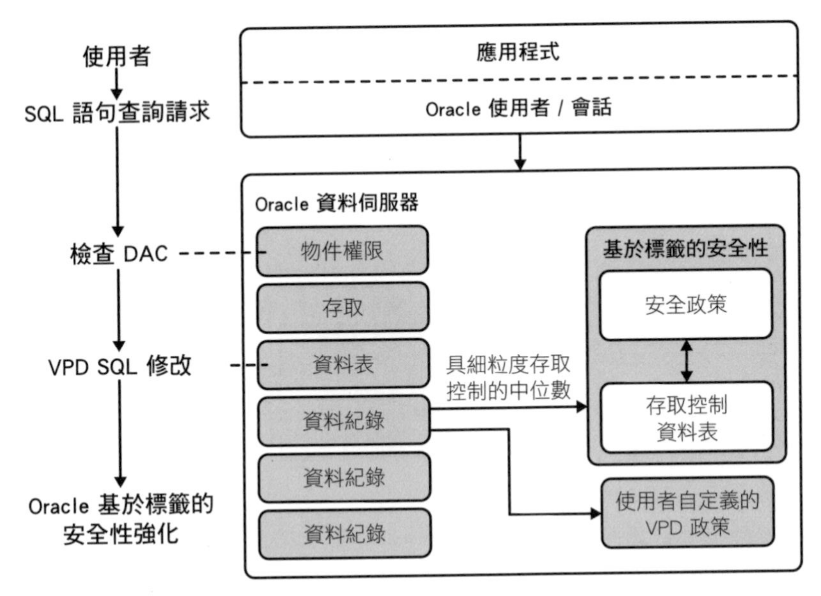

圖 6-3　Oracle 中基於標籤的安全性 [1]。

分析師當然不需要客戶的姓名或帳戶資訊，但他們需要購買的物品、地點、時間及價格等其他相關資訊。因此，不必授予分析師對該資料表的完全存取權限，或在刪除敏感資訊的情況下重寫另一個資料表，例如，針對包含敏感資料的行加入存取控制，以便只允許某些人存取，而其他人看不見該行。或者對該行以某種方式重新編輯 / 加以雜湊化 / 加密等等。

正如第三章所談到的，大多數公司沒有足夠的員工來支持持續監控、標記和重寫資料表格，以刪除或限制敏感資訊。因此，精細的存取控制可以使您獲得相同的結果，也就是保護敏感資訊，同時還允許更進步的資料民主化。

1 *https://oreil.ly/z_wP5*

時間維度

隨著資料的創建、逐漸變得越來越簡化，和最終因不再使用而遭丟棄。重要的是，要意識到歷程是一種時間狀態：雖然某個資料表當前是其他資料表的產物，但在之前的迭代中，同一個資料表可能表示的是其他資料。

查看「現在的狀態」對某些應用程式很有用，稍後會繼續討論，但重要的是，要記住某些資料的過去版本，與真正了解資料在整個企業中的使用和存取方式相關連。因此，建立在該資料上可存取的版本資訊是重要的前置工作。

如何治理動態資料？

假設歷程資訊保存良好且在一定程度上是可靠的，一些關鍵的治理應用程式就會依賴資料歷程。

歷程可以滿足的一個常見需求是除錯或理解資料的突然變化。為什麼某個儀表板停止正確顯示？哪些資料導致了某種機器學習演算法的準確性發生了變化？諸如此類的需求。從最終產品中找出匯入哪些資訊後就發生了變化，例如，品質突然下降、欄位值缺失、某些資料不可用等等，此外，了解資料的路徑和轉換也有助於快速地解決資料轉換錯誤。

在所述歷程是可靠的前提下，通常針對資料欄位的另一個需求是，是推斷資料類別的能力。例如，針對包含個人識別資訊（PII）的特定行，如想將基於此行所衍生的資料都標記為個人識別資訊（PII），而且之後衍生的行，也都想實施同樣的存取 / 保留 / 遮蔽等策略，可能就會需要一些特定的演算法，使您能夠在該行被精確地複製時實施相同的存取策略；但如果衍生行的內容是空值，則只能實施不同策略，或無法實施既有的控制策略。

圖 6-4 是一張稍微複雜一點的歷程圖。雖然為創建衍生資料而執行的操作標記為「SQL」，但請注意，並非只有使用 SQL 才能達到相同的結果。有時候，還有其他轉換資料的方法，例如不同的腳本語言。隨著資料從外部資料源移動到資料表 D，以及隨著資料表 D，與資料表 A 和資料表 B 的副產品「資料表 C」合併，並最終呈現在儀表板中，您可以看到整個歷程經過，尤其是行級別的歷程有多重要。

例如：假設不管是資料表 A、資料表 B 還是外部資料源，都是只有其中一行包含個人識別資訊（PII），並且公司對個人識別資訊（PII）的政策是「僅允許全職員工可以存取」。因此，如果讓個人識別資訊（PII）進入到儀表板，應該就會影響到儀表板本身的存取策略。

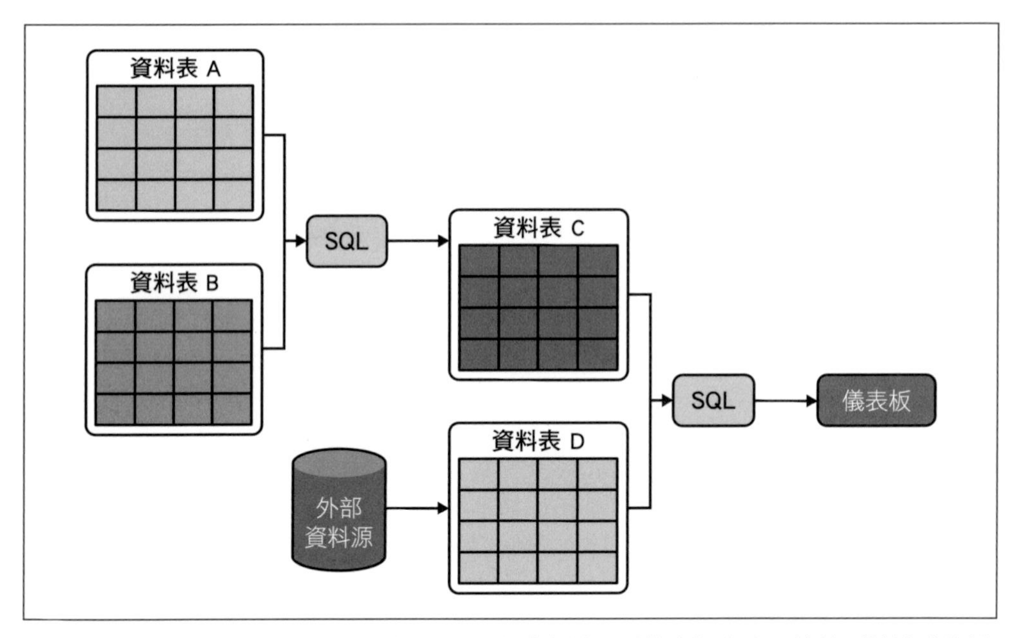

圖 6-4　歷程的工作流，如果資料表 B 包含敏感資料，則儀表板中也可能找到該敏感資料

儘管這些使用案例已經相當地具體，但長期以來，資訊長（CIO）和資安長（CISO）期望的使用案例則更為廣泛：

「給我看資料倉儲中的所有敏感資料，以及包含敏感資料的系統。」

　這是一個易於表達的問題，相較於理解大量資料物件和可能是組織資料湖泊的一部分系統，結合歷程和對資料來源分類的能力以回答這類問題，要來得簡單多了

「我想確定哪些系統可信任，並確保就算沒有人工監督，資料也不會存在於其他比較不受信任的系統中。」

　這種需求可以透過在受信任系統上實施出口控制來解決，如果使用良好的歷程解決方案，這項任務可能會更簡單。例如，藉由這種方式，資料來源將被顯示在歷程資訊中，因此您可以防止來自未經批准系統的資料被擷取至受信任之環境。

「我需要能夠輸出報告，和稽核所有處理個人識別資訊（PII）的系統。」

這是 GDPR 時代的普遍需求，如果您標記個人識別資訊（PII）的所有來源，就可以利用歷程圖來識別個人識別資訊（PII）的處理位置，從而實現更高級別的控制。

策略管理、模擬、監控、變更管理

我們已經為策略管理提供了一個範例：繼承。本質上，資料治理政策應該從資料的含義中推導出來。如果在某個組織中想要管理個人識別資訊（PII），並將個人識別資訊（PII）定義為個人電話號碼、電子郵件地址和街道地址，則可以自動地檢測這些個人資訊類型，並將其與資料類別相關連。然而，掃描資料表，並確定哪些行包含這些資訊類型在計算上很昂貴。為了正確識別資訊類型，在不知道哪些行包含敏感資訊的情況下，需要採樣整個資料表，並且透過模式匹配和機器學習模型處理這些採樣，從而提供對基礎資訊類型的可信度，並適當地標記行。

但是，如果您可以只需識別該標記行的創建事件，則此過程會變得更具效率。而這就是資料歷程發揮效用的地方。

歷程資訊的另一個用途是資料變更管理的考量。假設您要刪除某個資料表；或者，您想要更改資料類別的存取策略；又或者您可能想設置一個資料保留控制元件，在一段時間後將資料內容變得更加簡略，例如 30 天後，將資料從「GPS 坐標」更改為城市 / 州。透過歷程，您可以追蹤受影響的資料到其最終產品，並分析此更改的影響。假設您想要限制資料表中某些欄位的存取，您可以透過查看哪些儀表板或系統會使用到這些即將遭受限制的欄位值，並評估受影響的範圍。一個理想的結果是當終端使用者在存取資料 / 儀表板時，會跳出一個提醒視窗顯示存取權限發生變化，因此可以在更改策略時發出警告，提醒管理員某些使用者將失去存取權限，甚至可能允許一定程度的深入鑽研，以便檢查這些使用者受影響的情況並做出更明智的決定。

審計、合規

我們經常需要提供資料歷程資訊，以便能夠向稽核師或監管機構證明某個最終資料產品，如機器學習模型或儀表板等，是由特定和預先批准的交易資訊所生成。因為監管機構希望能夠解釋某些決策演算法背後的原因，並確保這些演算法來自於根據企業章程而獲取的資料；例如，針對特定的客戶信用資訊以審核貸款，確保其資料是按照規定蒐集而來的。

受監管的組織越來越能普遍證明，即使是機器學習模型也沒有偏見，從資料中得出的決策是在沒有外力操縱的情況下完成的，並且在正常蒐集資料的來源和指導這些決策的終端使用者工具之間，存在著不曾間斷的「信任鏈」。例如，在剛剛描述的信用資訊情境中，關於新信用額度的決策必須僅可完全追溯到來自可信任來源的交易清單，而沒有其他影響來指導這個決策。

雖然在外部稽核的情況下，能夠「證明」合規性顯然非常重要，但這些相同的工具也可用於內部稽核目的。事實上，正如之前面章節多次提到的那樣，最好的做法是不斷一再地評估您的治理計畫，包括它的進展情況、可能需要修改之處，以及隨著法規和業務需求的變化，可能需要或不需要更新的方式。

總結

我們已經看到蒐集資料歷程如何有助於實現資料治理政策、推理和自動化。借助歷程圖，組織可以追蹤資料變化和其生命週期，進一步控制並全面了解資料的蒐集和這些操作中涉及的各種系統。對於業務面使用者而言，透過歷程，我們可以治理「移動中」的資料，以允許從資料路徑中的可信任來源或可信任處理步驟中，繼承一定程度的可信度。這些使歷程相關資訊豐富化的做法，能藉由其敏感性，允許將正確資料集匹配到正確的人或流程。

雖然歷程本質上是一種技術導向的措施，但我們應該始終牢記最終的業務目標。這可能是「確保使用高品質資料以做出決策」的關鍵，在這種情況下，我們應該對資料結果顯示其歷程，例如其來自高品質來源，並能夠討論資料在沿途中經歷的各種轉換；或來自特定業務案例，例如作為「追蹤敏感資料」，正如之前的討論。

這裡討論的技術歷程和業務歷程使用案例都很重要，我們應該努力將許多技術細節呈現給分析師，例如用以中間處理的資料表；同時為業務面使用者提供簡化的「業務視圖」。

第七章

資料保護

資料治理的關鍵問題之一是保護資料。資料擁有者可能擔心敏感資訊會在未經授權的情況下暴露給個人或應用程式。組織領導階層可能會警惕安全漏洞，甚至警惕已知人員出於錯誤原因而存取資料，例如檢查名人的購買紀錄。資料使用者可能會擔心他們所依賴的資料是如何被處理的，或者是否遭到篡改。

資料保護必須在多個層面進行，以提供縱深防禦，為此，有必要保護存儲資料的實體資料中心和承載該流量的網絡基礎設施。要做到這一點，必須先計畫好如何對授權人員和應用程式進行身分驗證，以及如何提供資源授權。然而，僅僅保護對場所和網絡的存取是不夠的，已知人員在開放網絡中存取他們不應該存取的資料也存在著風險。對此，我們需要加密等其他形式的保護，這樣即使發生安全漏洞，也可以混淆資料。

資料保護需要敏捷性，因為新的威脅和攻擊媒介會不斷地出現。

規劃保護

資料治理的一個關鍵，是為不同類型的資料資產提供不同保護級別；然後，將組織的所有資料資產歸類到這些保護級別。

例如，在**規劃層面**，可能會強制要求保護付款處理系統所創建的資料，因為有權存取單一交易資料的惡意行為者，可能會發出虛假訂單，並向原客戶收費。對此，可以在**身分驗證級別**實現保護措施，方法是確保只有識別為具有員工角色的人員和應用程式，才能存取該交易的付款資料所有細節。但是，並非所有資料都可供所有員工使用。相反的，付款資料可能會按不同級別分類。只有按商店位置、日期、庫存和付款類型匯總的資料，才能提供給業務規劃人員；而單一交易的存取權限，則只能授權給付款支援團隊，即便如此，該授權必須基於客戶提交的支援請求申請單，且僅授予對該資料的一定時間範圍存取權限。有鑑於此，有必要確保相關人員與系統都無法洩露付款資料，資料治理工具和系統必須支持這些需求，並且在捕獲違法行為和違反規定行為時，必須發出警報。

雖然最好的情況是創建所有資料資產的目錄，但是規劃、分類和實施通常可以在更高的抽象級別上進行。例如，要執行上述治理策略，您不必擁有聚合所有可能的付款資料明確目錄，只需要將創建的任何聚合資料置於具有嚴格邊界的治理環境中即可。

歷程和品質

正如第五章所討論的，資料歷程和品質考量是資料治理的關鍵點。因此，它們需要成為保護規劃流程的一部分。僅考慮原始資料的資料保護是不夠的；而是需要考慮資料在其每個轉換階段都受到保護。當以受保護的資料計算聚合結果時，這些聚合操作亦需要一定程度的保護，通常是等於或小於聚合資料的保護等級。合併兩個資料集時，為合併資料提供的保護級別，通常是身分驗證和資源授權權限的交集。此外，由於聚合和合併會影響資料品質，因此治理也需要考慮到這一點。如果原始資料的資料保護對任何人或合作夥伴能夠存取的資料量有限制，則可能有必要重新審視對聚合和合併的限制需求。

歷程和品質的檢查還提供了捕獲錯誤或惡意使用資料的能力。當資料聚合後，不正確的資料欄位值可能會更加清晰，例如，班佛定律（Benford's Law）預測首位數字的頻率分布，並預計該數值的最後一位具有正態分布，對聚合、轉換的資料執行此類統計檢查比較容易。一旦觀察到類似詐欺行為，就必須能夠透過資料歷程追溯發生變化的位置，以及它是否是資料保護漏洞的結果。

組織發布的資料和在組織內使用的資料值得信賴，這是組織資料文化的一部分。如第五章所述，資料品質仍然是資料保護的基本目標。為此，在資料渠道中內建信任但仍驗證的保護措施很重要，才能在品質錯誤出現時立即發現。

保護級別

為資產提供的保護級別應反映與該資產相關的安全漏洞成本和可能性，這需要對安全漏洞類型以及與每個漏洞相關的成本分類。不同級別的保護也會帶來成本，因此有必要確定在給定保護級別下發生違規的可能性。然後需要進行成本分析，以平衡不同保護級別之間的風險，並選擇保護級別。

例如，考慮存儲在資料湖泊中的原始付款處理資訊。潛在的安全漏洞可能包括惡意行為者讀取單一交易資料、讀取特定時間段內的所有交易、讀取來自特定商店的所有交易等。同樣，存在修改、損壞或刪除資料的風險。

在考慮修改、損壞或刪除資料風險時，請注意這可能是由於上文所述的惡意行為者故意為之，也可能是由於內部員工的錯誤而無意發生。在我們採訪許多公司後可知，這兩種情況的可能性一樣，且都會帶來負面、甚至有時是災難性的結果，因此都值得關注和考量。

當討論保護級別的安全漏洞代價，無論是因為資料保護還是因為安全漏洞，都需要將資料不可用的成本納入考量。還要意識到，資料連續性的喪失本身也會帶來成本，例如，遺失 1 小時資料的成本可能會影響公司提供準確年度報告的能力。所付出的代價也可能是非間接的，例如停機時間、法律風險、商譽損失或公共關係不佳等。由於所有這些因素，成本通常對不同利益相關者帶來不同的影響，無論他們是最終使用者、業務面決策者還是公司高層。這些成本也可能累積至公司外部的客戶、供應商和股東身上。這種情況下，以精細的方式來估算成本不切實際，應分配高 / 中 / 低成本等級，來指導所需的保護級別。

就可應用的資料保護而言，通常有多種選擇。在極端情況下，我們可能會選擇根本不存儲資料；而另一個極端情境則是可能會選擇公開資料集。介於兩者之間還是有一些選擇，例如僅存儲彙整過的資料、僅存儲資料中的一個子集或標記某些欄位。至於在何處存儲資料，可能會受到地理位置法規，以及需要向哪些角色提供資料存取權限的考量所影響。這些選擇之間的風險級別各不相同，因為每種選擇發生違規、資料遺失或損壞的可能性都不同。

分類

正如第四章詳細介紹的那樣，我們需要能夠對敏感資料剖析和分類，以落實資料治理。這種資料概況可用來識別潛在的安全漏洞、成本和發生的可能性，這反過來將允許資料治理參與者，選擇需要應用於資料的適當治理策略和程序。

可能有許多與資料分類、組織和資料保護相關的治理指令。為了使資料消費者能夠遵守這些指令，必須明確定義其類別以用於組織結構；和分類，以用於評估資料敏感性。

分類需要正確地評估資料資產，包括不同屬性的內容，例如，任意格式中的純文字欄位是否包含電話號碼？此過程必須考慮資料的業務用途，例如組織的哪些部門能夠存取資料？以及隱私和敏感性影響。然後可以根據業務角色和不同級別資料敏感度，例如個人化資料和私人資料、機密資料和知識產權等，對每個資料資產分類。

一旦確定分類，並透過成本分析選擇了保護級別，就能藉由兩個方面來落實。第一個方面是提供對可用資產的存取，包括允許資料使用者存取資料的資料服務；第二個方面是防止未經授權的存取，可透過定義身分、組別和角色，並為每個人分配適當的存取權限來完成。

雲端資料保護

當組織將資料從本地端移動到雲端，或將資料突然地從本地端傳輸到雲端，以用於臨時混合工作負載時，他們必須重新考慮資料保護。

多租戶技術

當大型企業將部署在本地端的系統遷移至雲端時，通常必須接受的其中一個最大變化，是成為同時使用多租戶技術雲端架構的眾多組織之一。這意味著，不要因為毫無來由地相信惡意行為者無法通過身分驗證而進入實體基礎設施，就將資料留在不安全的位置導致資料洩露，這一點尤為重要。儘管本地組織具有物理和網路邊界控制，但在遷移到雲端時，這種控制可能會遺失。

一些雲端服務供應商提供「裸機」基礎設施或「管理雲」，本質上是提供資料中心管理來應對這一變化。然而，依賴這種單租戶架構通常會帶來成本增加、資料孤島和技術債務。

本地端安全性的許多概念和工具都可在雲中實作。因此，可以密切關注資料存取、基於業務面的資料分類和基於資料自身屬性欄位的分類，是如何在本地端完成的。然而，這種直接轉移方法可能涉及放棄公有雲在彈性、資料民主化和較低營運成本方面等許多好處。相反地，我們建議將雲原生安全策略應用於保存在雲中的資料，因為有更理想、更現代的方法來實現資料保護目標。

使用雲端存取管理（IAM）系統，而不是您在本地端可能使用的「基於Kerberos」或「基於目錄」的身分驗證機制。此最佳實踐涉及管理存取服務，也透過定義角色、指定存取權限以及管理和分配存取金鑰，來與雲端服務供應商的IAM 服務互動操作，以確保只有經過身分驗證和資源授權的個人及系統，才能根據已定義的規則存取資料資產。在資料遷移期間，有一些工具可以提供身分驗證映射來簡化遷移過程。

安全層面

從本地端到雲端的另一個重大變化是對漏洞的感受。不管在什麼時候，新聞都會出現許多關於安全威脅和漏洞的報導，其中大多涉及公有雲。正如第一章曾討論的那樣，這主要是因為公有雲系統提供了更多的安全監控和審計功能，而許多本地端的漏洞、違規事件可能會長時間未察覺。然而，由於媒體關注度的增加，組織可能擔心他們也會成為下一個受害者。

公有雲的好處之一是可以採用專門的世界級安全團隊。例如，資料中心員工均經過特殊篩選並接受專門安全培訓。此外，專門的安全團隊使用商業用和自行開發工具、滲透測試、品質保證（QA）措施和軟體安全審查，來主動掃描安全威脅。安全團隊包括世界一流的研究人員，許多軟體和硬體漏洞都是這些專門團隊首先發現的。例如，Google 有一個名為零號專案（Project Zero）[1] 的全職團隊，他們的目標是研究並調查軟體錯誤，然後回報給軟體供應商修復，且將該漏洞資料歸檔到外部資料庫，來防止有針對性的攻擊。反對這種對漏洞感受的最後一個論點是，「若有似無的安全性」從來都不是一個好的選擇。

---

1 *https://oreil.ly/E3HF0*

雲端上使用工具的規模和複雜性也改變了安全層面。無論是使用基於 AI 的工具快速地掃描資料集，以查找敏感資料或圖片所夾帶的不安全內容；還是處理 PB 級資料量，或針對串流資料的即時處理能力，總而言之，雲端使得治理能夠得到實踐，並且這些實踐在本地端可能無法得到實現。能夠從這樣廣泛使用和易於理解的系統中獲益，也減少員工犯錯的機會。最後，使用這樣一套通用工具能夠在組織開展業務的所有地方都遵守其法規要求，從而顯著地簡化該組織內的治理結構。

因此，值得與您的雲端服務供應商就安全最佳實踐展開討論，因為這些優點因不同公有雲而有所差異。大部分流量都在私有光纖上並且預設加密資料的公有雲，與透過公開網路發送流量的公有雲，兩者安全層級有所不同。

虛擬機器安全性

在探討如何保護公有雲中的資料時，重中之重就是設計一種架構，當有心人士，也就是駭客或詐騙分子，以特殊手段「獲取」系統部分控制時，能夠限制其影響性。由於加入邊界安全並不足以符合安全需求，因此有必要重新設計架構，以利用屏蔽和機密計算功能。

例如，針對雲原生服務常提供的計算引擎類型虛擬機器（VM），Google Cloud 提供受防護的虛擬機器（Shielded VM）以提供該實例的可驗證完整性。這是虛擬機器（VM）映像的加密保護基準線測量標準，目的是使虛擬機器防篡改，並提供有關其運行時狀態變化的警報。

這種安全預防措施使組織能夠確信您的執行實例沒有受到啟動級別或內核級別的惡意軟體危害。它可以防止虛擬機器在有別於與最初部署環境的不同環境中啟動；換句話說，它可以防止藉由「快照」或其他複製來竊取虛擬機器。

Microsoft Azure 提供機密計算，以允許在 Azure 上運行的應用程式能保持資料加密狀態，就算資料在記憶體中也是如此。即使有人入侵執行程式碼的機器，這樣的做法也能使組織確保資料安全。

AWS 為客戶提供隔離的計算環境 Nitro Enclaves，以進一步保護和安全地處理高度敏感的資料，例如採用 Amazon EC2 實例處理個人識別資訊（PII）、醫療保健、財務和知識產權資料。

資料治理的一部分是為資料洩露事件建立強大的檢測和響應基礎設施。這樣的基礎設施將使您能夠快速檢測到是否有風險或不當的活動、限制不當事件的「爆炸半徑」，並且能最小化惡意行為者的動手時機。

儘管「爆炸半徑」是指最小化惡意行為者所造成的影響，但爆炸半徑問題也同樣適用於員工錯誤地（或有意地）在公開網路上共享資料。公司將資料從本地端遷移到雲端時，會擔心的其中一個問題就是，這樣會不會增加洩漏影響？原本內部存儲資料就算洩露，也只是在內部，不會公開。但公司現在擔心，如果在雲端的資料洩露的話，任何人都可能在線上存取這些資料。雖然這是一個合理的擔憂，但我們希望到本書結束時，您會有信心透過實施和執行深思熟慮的治理計畫，可以防止任何此類的情況發生。理想情況下，您可以根據業務目標和目的來決定資料的存放位置，而不是只考慮雲端對比於本地端的資料存儲和倉儲的安全性。

實體安全

確保資料中心實體安全涉及分層安全模型，使用盡可能多的保護措施，例如電子門禁卡、警報、車輛出入障礙、周邊圍欄、金屬感測器、生物識別和雷射入侵檢測。資料中心應由能夠檢測和追蹤入侵者的高解析度內部和外部攝影機進行 24/7 全天候監控。

除了這些自動化方法之外，還需要良好的傳統人為安全措施。確保資料中心由經過嚴格背景調查，和培訓過後經驗豐富的保全定期巡邏。並且，公司只有少部分員工會需要拜訪資料中心，因此需要將資料中心的訪問權限，限制為具有特定角色任務的員工，而通常他們只占已批准權限員工的一小部分。此外，亦需要實施金屬感測器和影像監控，以確保沒有未經授權的設備不會離開資料中心樓層。

當您靠近資料中心樓層時，安全措施應該會增加，在通往資料中心樓層的每條走廊上都會有額外的多因素存取控制。實體安全還需要關注獲得授權的人員在資料中心可做的事，以及他們是否只能訪問資料中心的部分區域。重要的是，按照法規的要求，執行所有維護工作的人員，必須是特定國家 / 地區的公民，或持有安全許可，才得以按照不同部分以進行存取控制。

實體安全還包括確保不間斷供電和減少損壞的機會。資料中心需要備有冗餘電源系統，每個關鍵元件都有一個主電源和一個備用電源。環境控制對於確保平穩運行和減少機器故障的可能性也很重要。冷卻系統應為伺服器和其他硬體保持恆定的工作溫度，以降低服務中斷的風險。此外，亦需要火災感測器和滅火設備以防止發生火災損壞硬體。並且有必要串連這些系統與安全操作主控台，以便溫度感測器、火災感測器和煙霧感測器能將數值傳至遠程監控台，並且安全操作主控台可以觸發受影響區域的聲音、閃光警報。

應該保持日誌檔、活動紀錄和攝影機鏡頭畫面資料的可用性，以備不時之需。需要針對安全事件制定嚴格的事件管理流程，以便在資料洩露事件發生時，將可能影響的系統或資料的機密性、完整性或可用性，通知客戶並說明清楚。美國國家標準與技術研究院（NIST）提供有關制定安全事件管理計畫（NIST SP 800–61）[2] 的指南。除此之外，資料中心工作人員亦需要接受採證和處理證據方面的培訓。

實體安全涉及追蹤資料中心內的設備在其整個生命週期內的情況。必須追蹤所有設備的位置和狀態，從獲得設備開始，從安裝一直到報廢和最終銷毀。藉由確保所有資料在存儲時都已被加密，即使硬碟遭到竊取也無法使用。而當硬碟報廢時，應該使用可驗證的方式來抹除硬碟內容，例如，透過向硬碟寫入零以確保該硬碟不再包含任何資料。無法擦除內容的故障硬碟必須以物理方式銷毀，建議採用壓碎、變形、粉碎、破損和回收的多階段過程，以防止任何類型的硬碟恢復方式。

最後，資料中心安全系統的各個方面，從災難恢復到事件管理都有必要定期演練。這些測試應考慮到各種情況，包括內部威脅和軟體漏洞。

如果您使用公有雲中的資料中心，公有雲供應商應該能夠為您（和任何監管機構）提供所有相關文件和流程。

網路安全

最簡單的網路安全形式是外圍網路安全模型：網路內所有應用程式和人員都是可信的，而網路外的所有其他人則是不受信任的。不幸的是，邊界安全不足以保護敏感資料，無論是在本地端還是在雲端。首先，沒有邊界是 100% 安全。在某些

2 *https://oreil.ly/ahWHi*

時候，某些惡意行為者會闖入系統，而在那時資料就有可能暴露出來。邊界安全的第二個問題是，並非網路中的所有應用程式都可以信任；應用程式可能會遭受安全漏洞，或者心懷不滿的員工可能試圖洩露資料，或試圖存取他們不應該存取的系統。因此，針對已暴露的資料，制定額外的資料保護方法以確保無法讀取，這可以包括加密所有存儲和傳輸中的資料，屏蔽敏感資料，並且在不再需要時刪除資料。

傳輸過程中的安全性

網路安全之所以困難重重，是因為應用程式資料通常必須在公有網路上的設備之間多次傳輸，稱為「躍點」，次數取決於客戶的網路服務供應商（ISP）和雲端服務供應商資料中心之間的距離。每個額外的躍點都有可能讓資料遭受攻擊或攔截機會。相較於要求所有躍點都經過公開網路的解決方案，可以考慮選擇限制公開網路上的躍點數，並在私有光纖上承載更多流量的雲端服務供應商或網路解決方案，以提供更好的安全性。例如，Google 的 IP 資料網路由自己的光纖網路、公共光纖網路和海底電纜組成，這使得 Google 能夠在全球範圍內提供高可用性和低延遲的服務，Google Cloud 的客戶可以選擇將他們的流量放在這個專用網路或公開網路上，根據您的使用案例所需的速度和傳輸資料的敏感性，在這些選項之間選擇。

由於資料在傳輸過程中容易受到未經授權的存取，因此利用強加密措施以保護傳輸中的資料非常重要。還需要保護端點免受非法請求結構的影響。其中一個範例是使用 Google 開源遠端程序呼叫系統 gRPC 作為應用程式傳輸層。gRPC 的基本原理圍繞著定義服務，並為此服務指定其使用參數、返回參數類型的方法，以供遠程的程序呼叫調用，gRPC 可以使用 Protocol buffers[3] 作為界面定義語言（IDL）及其底層訊息交換格式。Protocol buffers 是 Google 開源的跨語言、跨平台、可擴展的序列化資料結構協定——如同「可延伸標記式語言」（XML），但 Protocol buffers 更小、更快、更簡單。Protocol buffers 允許程序反射（introspect），即在運行時檢查物件的類型或屬性，確保只允許帶有正確結構化資料的遠程呼叫建立連接。

3 譯者註：一種開源跨平台的序列化資料結構的協定。

無論是哪種網路類型，都必須確保應用程式僅服務於符合安全標準的流量和協定。這通常由雲服務供應商完成；防火牆、存取控制清單和流量分析用於強制執行網路隔離，並阻止分散式阻斷服務（DDoS）攻擊。此外，理想的情況是允許伺服器只與受控制的伺服器清單通訊，對其他伺服器則「預設拒絕」通訊；而不是允許非常廣泛的訪問。並且應定期檢查伺服器的日誌檔，以揭示任何漏洞利用（exploits）和異常活動。

Zoom 轟炸[4]

COVID-19 改變了很多人的工作方式，任誰都能透過 Zoom、Google Meet、Webex 和其他視訊會議應用程式參加各類視訊會議。可想而知，這種趨勢和使用量激增後，也引發許多關於「Zoom 轟炸」的警示範例，時有耳聞不良行為者以滲透方式，進入公開或安全性較差的 Zoom 會議發布惡意內容[5]。

首先是媒體披露某些技術公司的產品存有隱私或資料安全缺陷的問題，然後監管機構和國會很快開始對其審查、公布並採取法律行動。會有這樣的事情發生是因為，某些視訊通話並不如您所想像的那樣私密，並且正在以客戶不希望的方式蒐集和使用客戶資料。由於 2020 年 1 月 1 日生效的 CCPA 制定許多有關消費者資料及其使用方式的法規，因此問題變得更加複雜。

當世界發生變化，而公司被迫對這些動態做出快速反應時，必然會引發一些問題，如消費者隱私和資料安全普遍受到侵犯。這不是什麼新的現象。我們可以從 Zoom、Facebook、YouTube、TikTok 和許多其他快速發展、成為眾人矚目的大型組織都能看到這一點。不管是什麼組織，如此迅速地崛起時，都只能將隱私和資料安全視為頭等大事。

即使存在這些違規行為，但考慮到 Zoom 如此迅速地擴大業務規模，以允許數百萬美國人在公共衛生危機期間相互溝通，為促進更大利益所做出的巨大貢獻，以至於這些改善違規行為的溝通仍然很難進行。

4 譯者註：指一個人無意間侵入他人視訊通話的行為，從而造成干擾。

5 *https://oreil.ly/jkLR-*

這確實強化了一種觀念，即安全和治理不應該事後才想到；它們應該融入您組織的結構中。本章強調了您的組織在資料保護方面應考慮的各項要素，以確保資料無論是在傳輸中或者靜止時都始終受到保護。令人高興的是，Zoom 推動多項安全改進措施，包括將會議連結發布到網路上時，會提醒一下該視訊會議的主持人（見圖 7-1）。

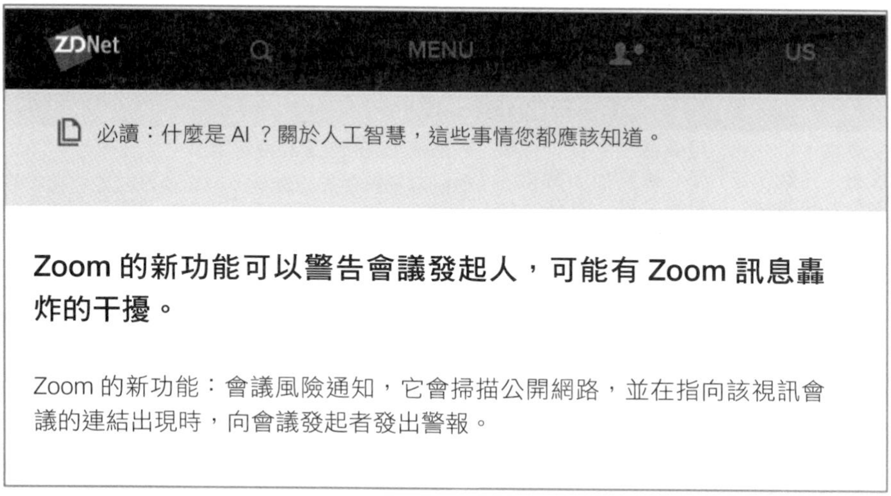

ZDNet MENU US

必讀：什麼是 AI？關於人工智慧，這些事情您都應該知道。

Zoom 的新功能可以警告會議發起人，可能有 Zoom 訊息轟炸的干擾。

Zoom 的新功能：會議風險通知，它會掃描公開網路，並在指向該視訊會議的連結出現時，向會議發起者發出警報。

圖 7-1　Zoom 的安全性徹底失敗後推行的改善舉措[6]。

資料洩露

當獲得授權的人員或應用程式提取他們被允許存取的資料，然後將其與未經授權的第三方共享，或將其移動到不安全的系統時，就是資料洩露的一種情境。資料洩露可能出於惡意或意外發生，也可能是因為合法的授權帳號已經被惡意行為者入侵。

解決資料洩露風險的傳統方法依賴於加強專用網路的實體邊界防禦。然而，在公有雲中，網路結構在多個租戶之間共享，並且沒有傳統意義上的邊界。因此，要保護雲中資料，需要新的安全方法和稽核資料存取方法。

6 *https://oreil.ly/EPCf*

可以在虛擬機器中部署專門的代理程式，以生成有關使用者和主機活動的遙測資料。雲服務供應商還支持引入顯式咽喉點（explicit chokepoints），例如網路代理伺服器、網路出口伺服器和跨專案網路。但這些措施雖然可以降低資料洩露的風險，卻不能完全消除。

重要的是要認知到常見的資料洩露機制，藉由這些媒介以識別哪些資料具有洩露風險，並將緩解機制落實到位。表格 7-1 總結這些注意事項。

表格 7-1　資料洩露向量和緩解策略

資料洩露向量	處於危險之中的資料	緩解措施
使用企業電子郵件或行動裝置，將敏感資料從安全系統傳輸到不受信任的第三方或不安全的系統。	組織電子郵件、行事曆、資料庫、圖檔、企劃文件、業務預測和原始碼的內容。	限制資料的傳輸量和傳輸頻率。 稽核電子郵件的元資料，例如發件者地址和收件人地址。 對於常見的威脅，使用自動化工具掃描電子郵件內容。 對不安全的渠道和嘗試發出警報。
將敏感資料下載到不受監控或不安全的設備。	敏感資料檔案；可以透過應用程式以存取敏感資料並下載。	避免將敏感資料存儲在文件（資料湖泊）中，而是將其保存在託管的存儲體中，例如企業資料倉儲。 建立禁止下載的策略，並保留資料請求和服務的存取日誌。 使用存取安全代理以管理已授權的客戶端和雲服務之間的連接。 在螢幕截圖或照片中實施動態浮水印，以記錄該對敏感資訊負責的使用者。 使用數位版權管理（DRM）在每個文件上添加權限感知安全和加密。
徵用或修改虛擬機器（VM）、部署程式碼或向雲端存儲或計算服務提出請求。 任何具有足夠權限的人，都可以發起敏感資料的向外傳輸。	組織內資訊部門的任何員工都可以存取敏感資訊。	維持精確、範圍狹窄的權限和全面、不可變的審計日誌。 維護由模擬或標記化資料所組成的單獨開發和測試資料集，並限制對正式環境資料集的存取。 為有限權限的帳戶提供資料存取權限，而不是為用戶憑證提供資料存取權限。 掃描欲傳送至公開網路的所有資料，以識別敏感資訊。 禁止向外連線至未知地址。 避免為您的虛擬機器（VM）提供公開 IP 地址。 禁用遠端管理軟體，如遠端桌面協定（RDP）。

資料洩露向量	處於危險之中的資料	緩解措施
解雇員工	員工預計自己即將失去工作時，所有類型的資料再怎麼無害，例如公司歷史備忘錄等，都面臨資料洩露的風險[7]。	將日誌檔紀錄和監控系統連接到 HR 軟體，並設置更保守的閾值，以提醒安全團隊注意這些使用者的異常行為。

總而言之，由於邊界安全不是一種選擇，因此使用公有雲基礎設施需要提高警覺，並採用新方法來保護資料免遭洩露。我們建議組織：

- 透過劃分資料和存取該資料的權限，可能藉由業務面或存取該資料的常見工作負載，最小化資料洩露事件的爆炸半徑。
- 使用細粒度存取控制清單，並以有節制和有時限的方式授予對敏感資料的存取權限。
- 僅向開發團隊提供模擬的資料或標記化資料，因為創建雲基礎設施的能力會帶來特殊風險。
- 使用不可變更的日誌檔紀錄以追蹤資料的存取和移動，來提高組織中的透明度。
- 使用網路規則、IAM 和堡壘主機來限制和監控組織中機器的對外、對內連線。
- 創建正常資料流的基準線，例如存取或傳輸的資料量，以及存取的地理位置，然後將異常行為與之進行比較。

虛擬私有雲服務控制（VPC-SC）

對於資料從雲原生資料湖泊和企業資料倉儲洩露的可能性，虛擬私有雲服務控制（VPC-SC）提高了組織降低風險的能力。借助虛擬私有雲服務控制（VPC-SC），組織可以創建邊界來保護資料和明確指定的一組服務資源（圖 7-2）。

7 Michael Hanley 和 Joji Montelibano，〈控制來自內部的威脅：當解僱內部員工時，使用集中式日誌記錄來檢測資料洩露〉（Control: Using Centralized Logging to Detect Data Exfiltration Near Insider Termination），卡內基美隆大學軟體工程研究所，2011 年（*https://oreil.ly/UXny3*）。

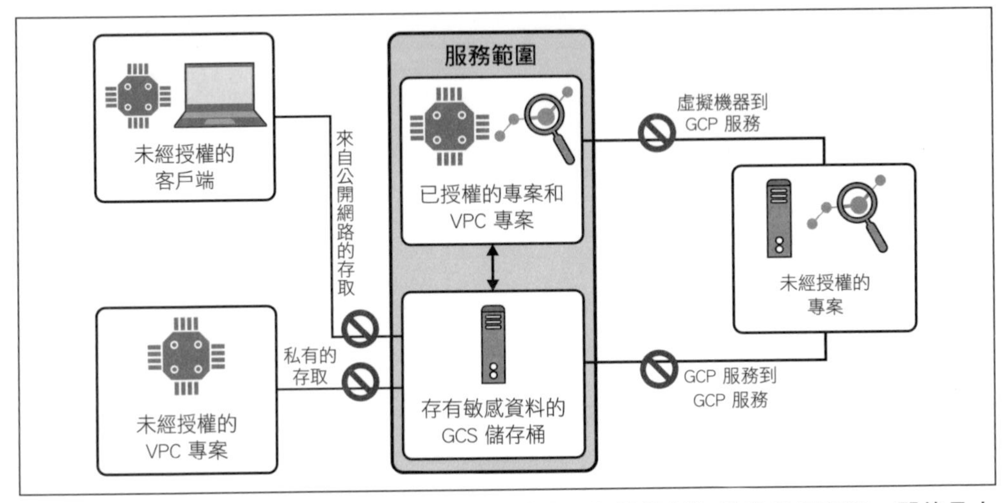

圖 7-2　VPC-SC 圍繞著一組服務和資料創建邊界，好讓資料無法從外圍存取，即使是人員和應用程式持有效憑證也無法存取。

因此，VPC-SC 將私有存取和邊界安全性擴展到雲服務，並允許邊界內的應用程式無障礙地存取資料，同時不會使這些資料暴露給心懷惡意的內部員工、已經被滲透入侵的程式原始碼，或持遭竊身分憑證的駭客。邊界內的資源只能從已授權的虛擬私有雲（VPC）網路，指採取公有雲網路，或藉由得到明確允許的本地端網路內的客戶端程式進行存取。除此之外，透過只允許特定的 IP 地址或一個範圍內的 IP 地址，也可以作為限制網路對邊界內資源的存取措施。

在邊界內，對資源具有存取權限的客戶端，無法訪問邊界外未經授權的資源，這樣的限制就是防範資料洩露風險。亦即，無法將資料複製到邊界以外未經授權的資源。

當 VPC-SC 與受限制的虛擬 IP 結合使用時，VPC-SC 可用於防止從可信任網路去存取未與 VPC 服務控制項（VPC Service Controls）整合的存儲服務。受限制的虛擬 IP（Virtual IP），還允許向 VPC 服務控制項（VPC Service Controls）支持的服務發出請求，而無需將這些請求暴露在公開網路上。即使資料因配置錯誤的雲端身分識別與存取管理（IAM）策略而暴露，VPC 服務控制項（VPC Service Controls）也能透過拒絕來自未經授權的網絡存取，以此提供額外的安全保護。

我們建議您使用 VPC-SC 的試運行（dry-run）功能來監控對受保護服務的請求，而不會影響真實的存取。這將使您能夠監控請求，以更佳了解您的專案請求流量，並提供一種創建誘捕系統邊界的方法，以識別那些針對可存取服務的「非預期」或「惡意嘗試」探測。

請注意，VPC-SC 藉由自身所支援的服務，以限制資料（而非元資料）在服務範圍內的移動。雖然在許多情況下，VPC-SC 還控制對元資料的存取，但在某些情境下，元資料可以在不經過 VPC-SC 的策略檢查，即可被複製與存取。因此，有必要依靠雲端身分識別與存取管理（IAM），來確保對元資料存取的適當控制。

使程式碼安全

如果生成資料或轉換資料的應用程式原始碼不受信任的話，則資料歷程就沒有效用了。在部署基於容器的應用程式時，使用諸如 Kritis[8] 之類的二進位授權機制可提供軟體供應鏈安全性。這個想法是擴展雲端託管的 Kubernetes 執行時期（runtime），並在其部署階段實施安全策略。在 Google Cloud 中，二進位授權與來自 Google 容器登錄檔（Container Registry）的容器映像檔，或其他雲服務供應商的容器登錄檔（Container Registry）的容器映像檔一起使用，並且可擴展至 Google Kubernetes Engine（GKE）。藉此，組織可以對已建構的容器進行弱點掃描，並且在確認容器安全之後，再將其部署至可以存取敏感資料的系統。

二進位授權實現了一個策略模型，其中的策略是一組用於管理容器映像檔到可運行叢集的部署規則。策略中的規則指定映像檔在部署之前必須通過的條件。例如，典型的策略要求容器映像檔在部署之前須具有經過驗證的數位簽章。

在這種類型的策略中，規則指定哪些受信任的機構並將其稱之*簽署人*，該「簽署人」必須聲明已完成所需的流程，並且該映像檔已準備好進入下一個部署階段。「簽署人」可能是人類使用者，或者更常見的是機器中的某個執行程序，例如構建和測試系統或持續部署渠道的一部分。

在開發生命週期中，「簽署人」對容器映像檔簽下全域唯一的描述符，從而創建認證聲明，稱為*證書*。稍後，在部署階段，二進位授權藉由使用「證人」來驗證證書，表明渠道中所需的流程已經完成。

---

8 *https://oreil.ly/pqoXi*

零信任安全模型

零信任安全模型是一種更靈活的安全模型，它不依賴傳統的網路邊界來保護企業資源。相反地，它將存取控制從網路邊界轉移到個別使用者和其設備之上。這讓使用者能夠從幾乎任何地方存取企業應用程式，而無需傳統的 VPN 的協助。

零信任安全模型假設內部網路不可信任。在構建企業應用程式時，需基於所有網路流量都來自零信任網路，即假設所有連線、流量都是屬於公開網路。有鑑於此，不應該依賴 IP 來源位址來決定是否允許存取資源，而是應該基於設備和使用者的身分憑證，來決定能否存取應用程式。所有存取都根據設備狀態和用戶憑證進行身分驗證、資源授權和加密。此外，強制對企業資源的不同部分進行詳細的存取控制，目標是讓使用者在存取資源時，無論是身處在內網或外網，都有著幾乎相同的體驗。簡而言之，就是不再依賴傳統的網路邊界，而是關注使用者和其設備的身分認證與憑證，以保障能安全地存取資源。

零信任安全模型[9]由幾個特定部分組成：

- 只有企業採購並主動管理的設備才能存取企業應用程式。
- 所有受管設備都需要使用設備證書以進行唯一識別，該設備證書引用設備清單資料庫中的紀錄。因此，需要全力維護該設備清單資料庫。
- 所有使用者都在使用者資料庫和群組資料庫中進行追蹤和管理，這些資料庫與人力資源（HR）流程密切地整合，用於管理使用者的工作分類、使用者名稱和群組成員資格。
- 使用者身分驗證入口網站，為請求存取企業資源的使用者，驗證其雙因素憑證。
- 定義和部署一個非常類似於外部網路的非特權網路，儘管它位於私有地址空間內，非特權網路僅連接到公開網路，且使用有限的基礎設施和配置管理系統。當所有託管設備實體位於辦公室內時，將這些託管設備都分配到該網路；同時，該網路與網路的其他部分之間需要有一個嚴格管理的存取控制列表（ACL）。

9 *https://oreil.ly/evZSf*

- 透過面向公開網路的訪問代理，公開企業應用程式，該代理在客戶端和應用程式之間強制執行加密。
- 存取控制管理器會查詢多個資料來源，以確定在任何時間點給予單個使用者或單個設備的存取級別。後者稱為*端點驗證*。

身分識別與存取管理

存取控制包括*身分驗證*、*資源授權*和*審計*。認證決定您的身分，授權決定您的權限，審計日誌留下您的紀錄。

身分驗證

身分是指定誰有權限進行存取。這可能是經由使用者名稱而辨別出的終端使用者，或指經由服務帳號辨別出的應用程式。

使用者帳號代表資料科學家、業務分析師或管理員。當應用程式需要代表人類使用者時，它們適用於以交互方式存取資源的場景，例如，程式碼（notebooks）、儀表板工具或管理工具。

服務帳號由雲端身分識別與存取管理（IAM）管理，代表非人類使用者。它們的適用情境為需要自動存取資源的應用程式。服務帳號本質上是機器人，定義是其創建者所擁有的權限的子集。通常，服務帳號創建者創建它們是為了實現運行中的應用程式所需的一組有限權限。

雲端服務的 API 會拒絕那些不包含有效應用程式憑證的請求，即不處理匿名請求。應用程式憑證需要提供有關發出請求的調用方資訊。有效的憑證類型是：

API 金鑰

請注意，API 金鑰僅表明這是一個已註冊的應用程式。如果應用程式需要特定於某位使用者的資料，則使用者也需要自己進行身分驗證。這可能很困難，因此 API 金鑰通常僅用於存取那些不需要使用者憑證的服務，例如股票市場報價請求，它只是一種確保這是付費訂閱者的方式。

存取令牌，例如 OAuth 2.0 客戶端憑證

此憑證類型涉及雙因素身分驗證，是對交互式使用者進行身分驗證的推薦方法。終端使用者允許應用程式代表他們以存取資料。

服務帳號金鑰

服務帳號提供應用程式憑證和身分。

資源授權

角色是由一組權限所組成，並且用以確定上述提到的身分得以進行哪些存取。針對自定義權限列表，可以創建自定義角色以提供精細存取。例如，在分配角色 `roles/bigquery.metadata Viewer` 給身分時，這表示允許某個人存取 BigQuery 資料集的元資料（並且僅是元資料，而不是資料表的資料）。

當要授予多個角色以允許執行特定任務時，請創建一個組，將角色授予該組，然後將使用者或其他組添加到該組。您可能會發現為組織內的不同工作職能創建不同分組，並為這些組中的每個人分配一組預定義角色很有幫助。例如，您的資料科學團隊的所有成員都可能授予對資料倉儲內資料集的 `dataViewer` 和 `jobUser` 權限。這樣，如果有員工更換工作，您只需要更新他們在適當組別中的成員資格，而無需更新他們對個別資料集和專案的存取權限。

創建自定義角色的另一個原因是從預定義角色中減去權限。例如，預定義的角色 `dataEditor` 允許所有者創建、修改和刪除資料表。但是，您可能希望允許資料提供者創建資料表，但不允許其修改或刪除任何現有的資料表。在這種情況下，您將創建一個名為 `dataSupplier` 的新角色，並為其提供特定的權限列表。

通常，對資源的存取是逐個資源單獨管理的。因此，單一身份並不會在專案中的所有資源都獲得 `dataViewer` 角色或者 `tables.getData` 權限；相反地，應該針對特定的資料集或資料表以授予權限。此舉可盡量避免權限 / 角色擴展；在為身分提供最小權限時要謹慎。這包括限制所提供的角色和資源。為了平衡這一點與在創建新資源時更新權限的負擔，比較合理的妥協方式是，設置將專案映射到您的組織結構的信任邊界，並在專案級別設定角色，即身分識別與存取管理（IAM）策略，然後可以從專案延伸到專案內的資源，從而自動地將策略應用於專案中的新資料集。然而，這種客製化存取的問題在於它很快就會變得難以管理及維護。

實現資源授權的另一種選擇是使用 Identity-Aware Proxy（IAP）[10]。IAP 允許您替那些使用 HTTPS 協定的應用程式建立中央授權層，因此您可以使用應用程式級別的存取控制模型，而不是依賴於網路級別的防火牆。由於 IAP 策略可在您的組織中擴展。您可以集中地定義存取策略，並將它們應用於所有應用程式和資源。當您分配一個專門的團隊以創建和執行策略時，可以保護您的專案免受任何應用程式中不正確的策略定義或其實施所影響。當您想要對應用程式和資源實施存取控制策略時，請使用 IAP，借助於此，您可以設定基於組別的應用程式存取權限：例如，某項資源只接受員工的存取，但外部承包商無法存取，或者只能由特定部門存取。

策略

策略是使您的開發人員能夠在安全性和合規性範圍內快速行動的規則或護欄。有些策略適用於使用者，如身分驗證和安全策略，例如雙因素身分驗證，或確定誰可以在哪些資源上做什麼的授權策略；還有一些策略適用於資源，且對所有使用者都有效。

在可能的情況下，分層定義策略。分層策略允許您在整個組織中創建和實施一致的策略，您可以將分層策略分配給整個組織或單個業務部門、專案或團隊。這些策略包含可以明確拒絕或允許某些角色的規則。在資源的分層結構上，較低級別的規則不能覆蓋較高級別的規則。這允許管理員在一個統一位置即可管理關鍵規則。一些分層策略機制允許將規則評估委託給較低級別的能力。此外，也要監視規則的使用，以查看將哪個規則應用於特定網路或資料資源，這有助於合規性。

環境感知存取是一種與零信任網路安全模型配合使用的方法，可根據使用者身分和請求環境實施精細的存取控制。當您想要根據廣泛的屬性和條件，包括正在使用的設備和來自哪個 IP 地址建立較為精細的存取控制時，請使用環境感知存取。藉此使您的公司資源變得具備環境感知以改善安全狀態。例如，根據策略配置，在公司網路中使用託管設備的員工，可以授予其對資料的編輯存取權限；但如果該存取來自於未經安全性更新的設備，則只向他們提供對資料的唯讀存取權限。

10　譯者註：Google 的一種服務，利用身分識別和背景資訊把關，控管使用者對應用程式和 VM 的存取權。

環境感知存取不是在網路級別保護您的資源，而是從單個設備和使用者級別控制。環境感知存取透過本章討論的 4 項關鍵技術運作：

Identity-Aware Proxy（*IAP*）

一種服務，使員工能夠在不使用 VPN 的情況下，從不受信任的網路存取公司應用程式和資源。

雲端身分識別與存取管理（*Cloud IAM*）

管理雲端資源權限的服務。

存取環境管理器

支持較為精細的存取控制的規則引擎。

端點驗證

一種蒐集使用者設備詳細資訊的方法。

資料外洩防護

在某些情況下，尤其是當您有任意格式的文字或圖片，例如客服對話紀錄時，您甚至可能不知道敏感資料存在於何處，因客戶可能在無意間透露他們的住址或信用卡號碼。因此，掃描資料存儲的地方以查找已知模式，如信用卡號、公司機密專案代碼和醫療資訊等可能會很有幫助。掃描結果可做為確保此類敏感資料得到適當保護和管理的第一步，從而降低暴露敏感細節的風險。定期執行此類掃描以跟上資料增長和使用變化也很重要。

Cloud Data Loss Prevention[11] 等 AI 方法可用於掃描資料表格和文件，以保護您的敏感資料（見圖 7-3）。這些工具帶有內建資訊類型感測器，用於識別模式、格式和核對和，它們還可以提供使用字典、正則表式法和上下文元素定義以自定義資訊類型感測器的能力。使用該工具對您的資料進行去標識化處理，包括屏蔽、令牌化、假名化和日期偏移等，所有這些工作都無需複製客戶資料。

要編輯 Cloud DLP 掃描發現的敏感資料或以其他方式取消識別，請透過加密以保護資料，如下一節所述。

11 *https://cloud.google.com/dlp*

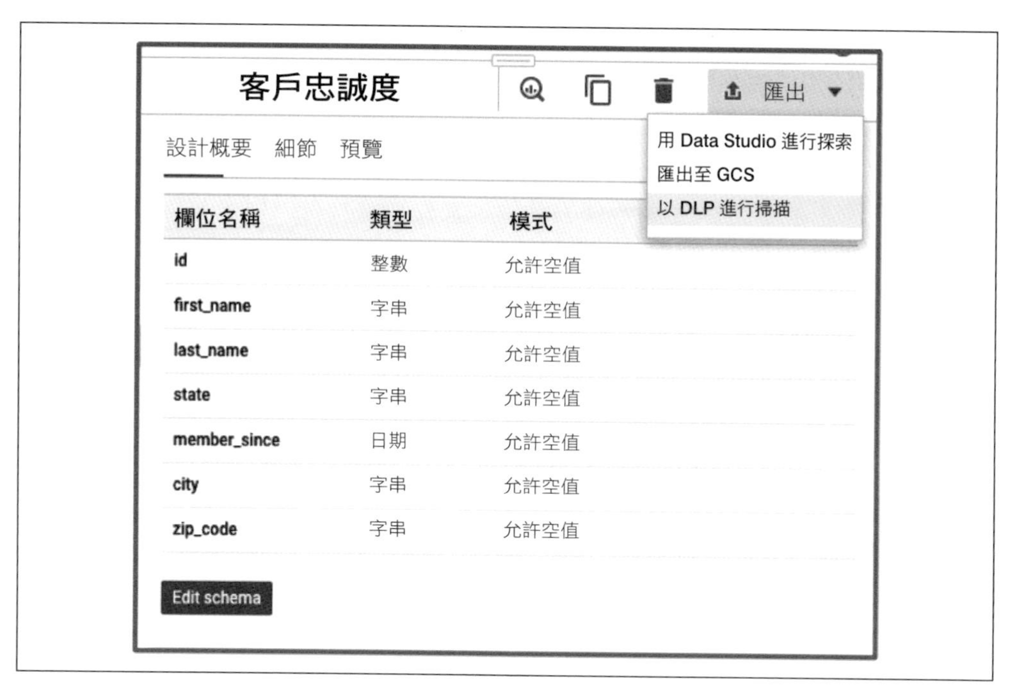

圖 7-3 使用 Cloud DLP 掃描 BigQuery 資料表。

加密

加密可以確保一旦資料意外落入攻擊者手中，他們將無法在沒有金鑰的情況下存取該資料。即使攻擊者獲得包含您資料的存儲設備，他們也無法理解或解密。加密也充當「阻礙」的作用，創建一個單一的地方以集中管理、使用加密金鑰，在這之中可以存取資料和審計該存取行為。最後，加密有助於保護客戶資料的隱私，因為資料已被加密，於是工程師可以安心地直接維護基礎設施或對備份資料，而不用擔心洩漏任何資料內容。

可以使用公有雲供應商靜態加密和傳輸中加密機制，來確保底層基礎設施存取，例如對硬碟或網路流量不具備讀取資料內容的能力。然而，有時候，法規遵從性可能要求您確保使用自己的金鑰加密您的資料。在這種情況下，您可以使用由客戶管理的加密金鑰（CMEK），並且可以在金鑰管理系統（KMS）中管理這把金鑰，甚至可以在 GCP 的中央式金鑰管理服務 Cloud KMS 中管理。然後指定哪些資料集或資料表要使用這些金鑰加密。

使用多層金鑰包裝，這樣主金鑰就不會暴露在 KMS 之外（見圖 7-4）。每個受 CMEK 保護的資料表都有一個包裝金鑰作為該資料表元資料的一部分。當雲端服務工具存取該資料表時，它們會向 Cloud KMS 發送請求以解包金鑰。然後使用解包的資料表金鑰，為每個紀錄或文件解包單獨的金鑰。這種金鑰包裝協定有很多優點，可以降低未包裝金鑰洩露的風險。文件金鑰具有一對一的特質，即無法使用某文件金鑰去解密及讀取任何其他文件；如果您有一個解包的資料表金鑰，則只能在通過存取控制檢查後解包文件金鑰。Cloud KMS 從不公開主金鑰。如果您從 KMS 中刪除該主金鑰，則其他金鑰將永遠無法解包。

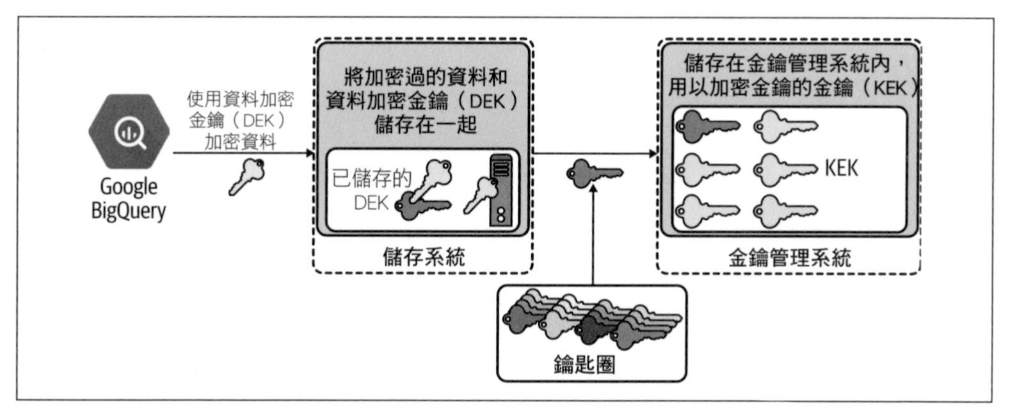

圖 7-4　使用資料加密金鑰（DEK）和金鑰加密金鑰（KEK）進行信封加密。 KEK 在 KMS 中集中管理，KMS 通過使用金鑰環輪換金鑰。

加密的一個常見用途是刪除與特定使用者的所有紀錄，通常是為了呼應法律要求。想執行此類刪除計畫，可以透過為每個 `userId` 分配唯一的加密金鑰，並使用該加密金鑰加密與使用者對應的所有敏感資料。除了維護使用者隱私外，您還可以透過刪除加密金鑰，以表示刪除該使用者的所有紀錄。這種方法的優點是立即使該使用者的紀錄在資料倉儲的所有資料表中變得不可用，包括備份表和臨時表，這種方法稱為**金鑰銷毀**。

差分隱私

在討論私有資料時，另一個保持資料安全的概念是差分隱私（differential privacy）。當您想要共享包含高度個人化或其他敏感資訊的資料集，而不暴露任何當事者的身分時，差分隱私有其必要性。這意味著在隱瞞有關個人資訊的同時，也描述匯總資料。然而，這不是一項簡單的任務，有一些方法可以透過交叉匹配聚合資料的不同維度，並進而了解一些關於個人的資訊，最終能重新識別資料集中的個人資訊。例如，您可以從匯總的平均值中提取特定薪水，如果您在受薪者的家庭社區、年齡分組等多個維度上多次取平均值，最終將能夠計算出某人的實際薪水。

有一些常用的技術可以確保差分隱私：

k- 匿名性[12]

k- 匿名性意味著從對資料集的查詢返回的聚合代表至少 **k 個**個體的組，或者以其他方式擴展為包括 **k 個**個體（圖 7-5）。**k** 的值由資料集的大小，與所表示的特定資料等相關其他考慮因素決定。

姓名	年齡	生理性別	宗教信仰	疾病
*	介於 20 歲到 30 歲之間	女性	*	癌症
*	介於 20 歲到 30 歲之間	女性	*	病毒感染
*	介於 20 歲到 30 歲之間	女性	*	肺結核
*	介於 20 歲到 30 歲之間	男性	*	無症狀
*	介於 20 歲到 30 歲之間	女性	*	心臟相關疾病
*	介於 20 歲到 30 歲之間	男性	*	肺結核
*	小於 20 歲	男性	*	癌症
*	介於 20 歲到 30 歲之間	男性	*	心臟相關疾病
*	小於 20 歲	男性	*	心臟相關疾病
*	小於 20 歲	男性	*	病毒感染

圖 7-5。*k*- 匿名表的範例，其中年齡被替換為 *k*- 匿名值。

12　譯者註：*k*- 匿名性是匿名化資料的一種性質。

在資料集添加「統計上無關緊要的雜訊」

對於可能是離散值的列表，例如年齡或性別等欄位，您可以在資料集添加統計上的雜訊，以便聚合略微傾斜以保護隱私，但資料仍然有用。這種概括資料和減少粒度的技術的例子是 **l-diversity** 和 **t-distance**。

資料存取透明化（Access Transparency）

對資料的任何存取都是**透明的**，這對於保護資料存取非常重要。例如，只有少數值班工程師可以存取正式環境系統中的使用者資料，而且即使是這些工程師，也只能是為了確保系統安全運作而存取資料。每當 IT 部門或雲服務供應商存取您的資料時，您都應該收到通知。

例如，在 Google Cloud 中，資料存取透明化（Access Transparency）為您提供了操作的日誌，它記錄 Google 人員在存取您的內容時的所作所為。在您的雲端專案中，Cloud Audit Logs 可幫助您回答有關「誰在何時何地做了什麼？」的問題。Cloud Audit Logs 為您提供操作的日誌，記錄有關您自己組織內的成員所採取的動作，而資料存取透明化（Access Transparency），提供的是雲端服務供應商工作的人員所採取的操作日誌。

由於以下原因，您可能需要資料存取透明化（Access Transparency）日誌資料：

- 驗證雲服務供應商人員是否僅出於正當業務原因存取您的內容，例如修復中斷或響應支援請求
- 驗證和追蹤對法律或監管義務的遵守情況
- 透過自動安全資訊和事件管理（SIEM）工具，以蒐集和分析追蹤的存取事件

請注意，資料存取透明化（Access Transparency）日誌必須與 Cloud Audit Logs 結合使用，因為該日誌不包括源自通過 Cloud IAM 策略允許的標準工作負載的存取。

保持資料保護敏捷

資料保護不能一成不變。相反地，它必須敏捷地考慮業務流程的變化，並對觀察到的新威脅有所反應。

安全健康度分析（Security Health Analytics）

重要的是，要持續監控使用者所擁有的權限，以查看其中是否有不必要，或過時應移除的權限。在圖 7-6 中，第二個使用者已得到授予，成為 BigQuery Admin 角色，但也只使用該角色授予 31 項權限中的 5 項。在這種情況下，最好是減少角色或創建更精細的自定義角色。

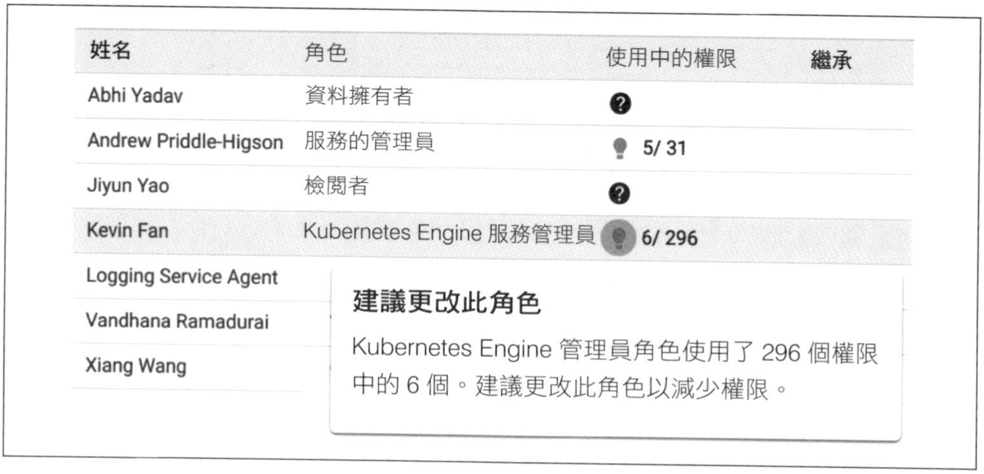

姓名	角色	使用中的權限	繼承
Abhi Yadav	資料擁有者	?	
Andrew Priddle-Higson	服務的管理員	5/ 31	
Jiyun Yao	檢閱者	?	
Kevin Fan	Kubernetes Engine 服務管理員	6/ 296	
Logging Service Agent			
Vandhana Ramadurai			
Xiang Wang			

建議更改此角色

Kubernetes Engine 管理員角色使用了 296 個權限中的 6 個。建議更改此角色以減少權限。

圖 7-6　掃描使用者的使用權限，以縮小角色定義或為使用者提供更細緻的存取權限。

資料歷程

保持資料保護敏捷性的一個關鍵屬性，是了解每條資料的歷程。它從哪裡來？什麼時候汲取至系統內？進行哪些轉換？是誰進行這些轉換？是否有任何導致跳過紀錄的錯誤發生？

重要的是要確保資料融合和轉換工具提供此類歷程資訊（參見圖 7-7），並且此線性資訊能用於分析正式環境系統遇到的錯誤。

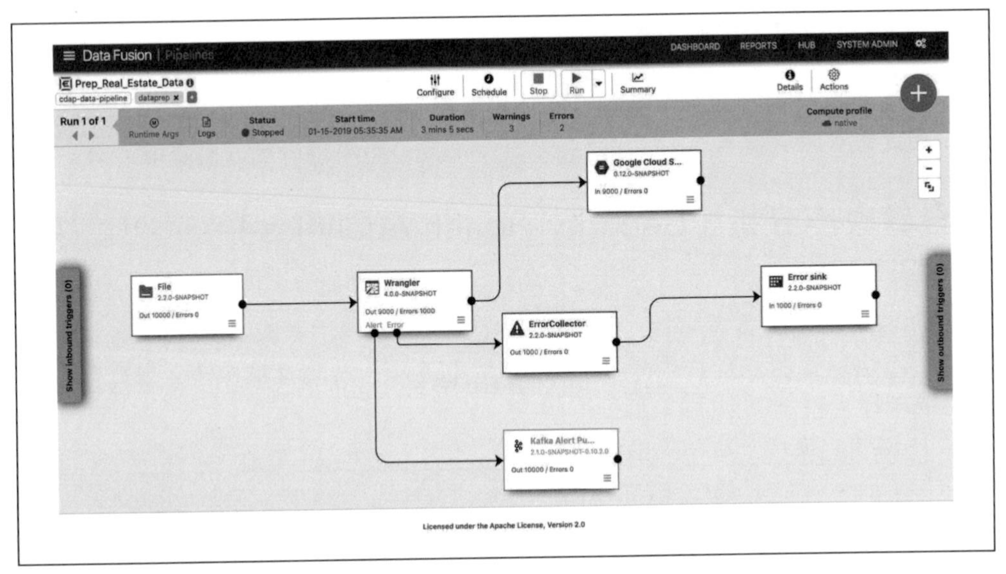

圖 7-7　維護所有企業資料的資料歷程，並解決汲取資料過程中的錯誤非常重要。

事件威脅偵測（Event Threat Detection）

整體安全健康狀況也需要持續監控。需要分析網路安全日誌，找出最常見的安全事件原因。是否有大量使用者嘗試存取特定文件或資料表但失敗？這可能意味著某個文件或資料表的元資料已經遭到洩漏，搜索元資料洩漏的源頭並將其堵住是值得的，建議在被攻擊成功之前保護該資料表。

除了掃描安全日誌檔，還可以對網路流量建模並尋找異常活動，以識別可疑行為並發現威脅。例如，獲授權員工的 SSH 登入次數異常可能是資料洩露的跡象，在這種情況下，「異常」的定義可以透過 AI 模型學習，該模型將員工的活動，與擔任類似角色並從事類似專案的其他員工活動進行比較。

資料保護最佳實踐

雖然資料保護是所有行業和使用者的頭等大事，但每個行業都有不同方法，醫療保健、政府和金融服務等經常處理敏感資料行業另有一些更嚴格的方法。

醫療保健產業多年來一直在對醫療紀錄保存系統做數位化轉型工作，因此他們面臨許多網路安全挑戰。例如，醫療保健產業曾發生過一些備受關注的事件，如影響英國國民健保署（NHS）在內的 60 多家信託公司的勒索軟體攻擊，該攻擊影響了 150 個國家內超過 20 萬台電腦系統，並且此事件範圍仍在繼續擴大 [13]。

同樣地，金融機構一直在應付網路攻擊。我們仍然記得 Equifax 在 2017 年宣布大規模網路安全漏洞時，駭客存取了大約 1.455 億 Equifax 客戶的個人資料，包括全名、社會安全碼、出生日期、地址和駕照號碼。至少有 20.9 萬名客戶的信用卡憑證在這波攻擊中遭盜用 [14]。從那以後，發生了一些更明顯的資料洩露事件，甚至有更嚴重的情況，有許多案例是影響到公司內部資料中心的系統運作。

這自然會讓人想到一個問題：即使有可用的有效流程和工具，眾人專心一致地關注保護資料，為什麼資料洩露事件仍在發生？這歸結為最佳實踐的實施方式，以及機構是否日復一日、全天候（24/7）始終掌控其資料治理流程，並且毫不因此自滿而懈怠。在前面的部分中，我們強調了一種保護資料的綜合方法；在雲中，具有實體和網路安全性以及進階的 IAM 功能。

每個行業的專業人士，從醫療保健、金融機構、零售到其他行業，都在努力建立他們認為在資料保護方面最適合該領域的最佳實踐。作為這些最佳實踐的範例，讓我們從醫療保健行業的資料保護專家向其使用者提出的建議開始。

醫療保健中的資料洩露可能以多種形式發生。這可能是為了盜竊醫療身分以存取受保護的健康資料的犯罪網路攻擊，也可能是醫療保健員工未經授權查看患者紀錄的實際案例。

醫療保健行業的組織必須非常勤奮地保護敏感的患者、財務和其他類型的資料集，並且必須在整個營運過程中維持著夙夜匪懈，並且透過教育員工，利用業界最佳安全工具和最佳實踐來實現這一目標。以下是為醫療保健行業推薦的一些最佳實踐。

---

13 Roger Collier，〈NHS 勒索軟體攻擊蔓延全世界〉（NHS Ransomware Attack Spreads Worldwide），《Canadian Medical Association Journal》189。第 22 期（2017 年 6 月）：E786–E787（*https://oreil.ly/54shB*）。

14 David Floyd，〈我被駭了嗎？查明 Equifax 漏洞是否影響到您〉（Was I Hacked? Find Out If the Equifax Breach Affects You），《Investopedia》，2019 年 6 月 25 日更新（*https://oreil.ly/1oJp1*）。

分離網路設計

駭客利用各種方法來存取醫療機構的網路。醫療保健行業的 IT 部門應嚴格部署防火牆、防毒和反惡意軟體等工具。然而，僅僅關注邊界安全是不夠的。醫療保健公司應該採用分離網路的網路設計方法，這樣即使入侵者能夠存取部分網路，也無法存取患者資料。一些公司已經在網路設計層面實踐並從中受益。

實體安全

在醫療保健行業中，保存許多敏感資料的紙本紀錄仍然是一種非常普遍的做法，醫療保健供應商必須藉由鎖櫃和門、網路攝影機等提供實體安全，同時實體保護 IT 設備存儲敏感資料的地方，包括為辦公室內的筆記型電腦提供鋼纜鎖。

發生於德州的實體資料洩露事件

本書中已經一再討論本地存儲系統和基於雲存儲中資料的安全性，後續也將進一步探討。然而，正如本節內容所指出的那樣，有一些使用案例是圍繞著保護實際的實體資料，如紙張或磁帶。

雖然這是一個比較老的例子，但 2011 年發生在德克薩斯州的事件 [15] 說明了實體安全的重要性。

一位資料承包商為 Science Applications International Corporation（SAIC）[16] 工作，該公司為 TRICARE、聯邦政府和軍事醫療保健計畫處理資料。在承包商的車裡，有超過 460 萬現役和退役軍人的電子醫療紀錄備份磁帶，全數遭到偷竊，損失的不僅是現役和退役軍人的健康資訊，還有他們家人的健康資訊。

SAIC 在一份新聞稿中澄清，雖然磁帶的醫療紀錄資料包括社會安全碼、診斷和化驗報告，但磁帶中不包含財務資料，這部分沒有遭到洩露。

15 *https://oreil.ly/_3ag-*

16 譯者註：一間以提供政府服務和資訊技術支援著稱的科技公司。

SAIC 和 TRICARE 建立了事件響應客服中心，以幫助患者處理安全漏洞，並在需要時幫助他們在其信用報告中放置詐欺警報，但他們也做出了聲明：

> 如果您是現代社會的公民，如果您有信用卡，如果您在網上購物，如果您存儲了資訊，您應該預想得到，總有一天，您的資訊會遭人盜取[17]。

這個說法即使在 10 年後來看也不完全準確，但它沒有考慮到治理在防止此類事件發生方面的作用；而這可能正是您閱讀本書的主要原因。

您應該了解您可能擁有的實體資料，並考慮實施額外安全措施。在此範例中，醫療保健是一個明顯的情境，但仍有在許多情況下可能存在需要處理的實體敏感資料，或需要成為您教育員工並融入資料文化的內容（更多資訊請參見第九章）。

如本範例所示，甚至應考慮將實體資料從一個位置傳輸到另一個位置的方法。我們通常會考慮如何在應用程式之間傳輸資料、存儲在何處、是否加密等等。但是正如這個例子所示，如果這是您或公司將要做的事情，您還應該考慮如何傳輸實體資料。要用車子載送嗎？有哪些保護措施可以確保資料自始至終都受到監視或保護？如果這些資料遭盜，您是否有任何保護措施？它是不可被讀取的嗎？它是加密的嗎？

若您注意到這些需要考慮的問題，並制定一個計畫來處理和保護您的實體資料，那 2011 年發生在 SAIC 和 TRICARE 上的事情，就不會發生在您身上。

可攜式裝置的加密與管理政策

近年來，醫療保健行業發生資料洩露事件的主要原因，包括筆記型電腦遺失、遭盜取，而其儲存設備包含受保護的健康資訊。為防止可攜式設備遭竊而導致資料洩露，醫療保健組織應始終採取的一項關鍵措施，是對可能保存患者資料的所有設備加密，包括筆記型電腦、智慧型手機、平板電腦和可攜式 USB 儲存裝置。

17 Jim Forsyth，〈德州資料洩露事件，從汽車中被盜走的 490 萬筆紀錄〉（Records of 4.9 Million Stolen from Car in Texas Data Breach），《Reuters》，2011 年 9 月 29 日（*https://oreil.ly/_3ag-*）。

此外，除了為員工提供加密設備外，醫療機構還應制定強而有力的政策，禁止在未加密的個人設備上攜帶資料。越來越多各類機構採用自帶設備（BYOD）政策，許多醫療保健供應商現在正在使用行動裝置管理（MDM）軟體來執行這些政策。

資料刪除流程

資料洩露受害者學到的一個重要教訓是需要資料刪除策略，因為隨著組織持有的資料越多，入侵者竊取的資料就越多。醫療保健機構應部署一項政策，強制刪除不再需要的患者資料和其他資訊，同時遵守將紀錄保存一定時間的法規要求。此外，必須進行定期審計以確保遵守政策，並且組織知道哪些資料存儲在哪裡、哪些資料可以被刪除以及何時可以刪除。

電子醫療設備和作業系統軟體升級

醫療保健供應商及其 IT 組織需要密切關注的領域之一，是醫療設備軟體和作業系統的升級。儘管醫療保健設備供應商提出了更新建議，但入侵者發現醫療保健機構並不總是那麼勤於更新，並且仍然使用過時作業系統的醫療設備，而這些設備很容易成為駭客攻擊的目標。儘管這些更新可能會對醫療機構及其員工的工作產生干擾，但對於醫療機構而言，資料洩漏應該是更為糟糕的事。因此，為這些設備添加安全性更新，並保持設備維持在最新狀態，可以有效減少這些漏洞。

對資料洩露的準備度

沒有辦法找到一個可以預防所有可能 IT 安全事件的方法；這就是為何機構需要部署一個完善計畫，以面對資料洩漏事件的可能到來。教育員工了解何謂 HIPAA 違規行為、如何避免網路釣魚、成為攻擊目標以及選擇強密碼，是醫療保健機構可以採取的幾個簡單步驟。

我們強調的醫療保健行業最佳實踐和建議也適用於其他行業。整個機構應實施流程和程序，以減少在處理資料洩露時的即時思考。自動化、良好計畫以及回應評論，是處理潛在資料洩露的關鍵；建立內部資料安全控制將降低資料洩露的風險，同時提高法規遵從性。總之，組織應在全公司範圍內的流程建立以下步驟：

- 確定需要保護的系統和資料。
- 持續評估可能的內部和外部威脅。
- 建立資料安全措施來管理已識別的風險。
- 定期教育和培訓員工。
- 監控、測試和修改，並牢記 IT 世界的風險一直在變化。

為什麼駭客瞄準醫療保健行業？

每年，我們都會看到一項又一項關於醫療保健行業安全漏洞影響的研究，駭客向醫療保健機構和其設備商索要大筆贖金。2019 年也不例外；事實上，根據 Emsisoft 的一項研究，它已達到創紀錄的水平，僅在美國就使醫療保健行業成員損失超過 75 億美元，其中有 100 多個州和地方政府機構、750 多個供應商、近 90 所大學和 1,200 多所學校受到了影響[18]。結果不僅帶來費用上的不便，並且對醫療服務的提供造成巨大干擾：推遲手術，在某些情況下，患者不得不轉移到其他醫院接受他們需要的緊急護理；更不用說支付系統、收帳系統的中斷了，甚至也遺失了學生成績。根據 *HealthITSecurity*[19] 的資料，醫療保健業在資料洩露方面於 2020 年時仍沒有好轉。世界隱私論壇網站有一個互動式地圖[20]，這是獲取醫療資料洩露最新情況的重要資源（見圖 7-8）。

18 Emsisoft 惡意軟體實驗室，〈美國勒索軟體現況：2019 年報告和統計〉（The State of Ransomware in the US: Report and Statistics 2019），2019 年 12 月 12 日（*https://oreil.ly/sPveu*）。

19 *https://oreil.ly/Sm7Df*

20 *https://oreil.ly/WSNC5*

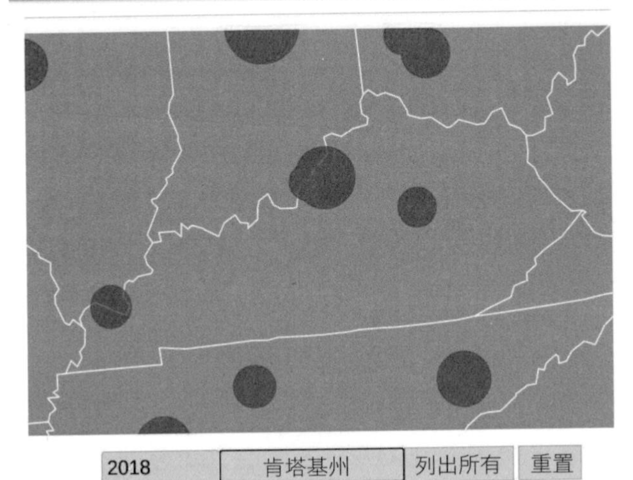

Onco360 以及 CareMed 專業藥局

類型	醫療保健供應商
違規事件註冊日期	1/12/2018
違規的規模	53,173
資料位置	Email

MorshedEye 公司

類型	醫療保健供應商
違規事件註冊日期	4/13/2018
違規的規模	1,100
資料位置	Email

圖 7-8　世界隱私論壇網站的一個例子顯示 2018 年美國肯塔基州的醫療資料洩露事件。

許多人都想知道，「為什麼會發生這種事，而且為什麼總是在醫療保健行業中發生這種事？」讓人訝異的是，大部分機構甚至不知道這些違規行為發生的頻率，只有少部分機構制定恢復和保護資料的流程。尤其令人擔憂的是，許多違規行為都是透過數位化、具備連網功能的設備而發生的。總而言之，該行業仍然有許多改善空間。

駭客將醫療保健行業作為目標，主要是因為它是少數幾個使用 Microsoft XP 或 Windows 7 等舊作業系統的行業之一，而且這個產業沒有習慣針對作業系統維持最新的安全性更新。事實上，微軟將不再支援醫療設備中的一些舊型作業系統，這意味著供應商需要確保他們的使用者將設備升級至最新的軟體版本，並為當今安全漏洞做好更充分的準備。未能修補或更新他們的設備將繼續增加風險。製造醫療設備並不容易，通常建造一個設備需要很多年，然後使用 15 年或更長時間。因此，這些設備在使用 20 多年後很容易成為攻擊目標，更不用說其中許多設備會運往其他國家，成為二手和三手產品。考慮到我們日常生活中的電子產品和軟體變化的頻率，例如平均每兩年換一隻手機，您就會明白為什麼駭客將目標鎖定在醫療保健行業的設備上。

醫療保健行業在資料保護方面必須更加積極主動。它必須在資料保護方面採用最佳實踐；完全控制資產；持續評估差距和流程；充分利用來自 NIST、HITRUST 和其他網路安全產業的最佳實踐和專家；並確保分配適當的預算以升級舊醫療設備軟體和終端設備，使其免對駭客敞開大門。因為，一個漏洞就足以讓駭客影響整個網路。

總結

本章探討資料治理的關鍵問題：保護資料。規劃保護的一個必要部分是確保追蹤歷程和監控品質，以便資料保持可信度。規劃流程應確定保護級別，並決定每個級別提供的保護類型。然後需要規劃分類流程，將資料資產分類到不同級別。

關於存儲在公有雲的資料，其中一個關鍵問題是多租戶。為您公司執行資料處理的同一台機器上，可能有其他工作負載在運行。因此，重要的是要考慮安全層面並兼顧虛擬機器的安全。通常，實體安全性由雲服務供應商所提供，您對網路安全的責任僅限於將資料傳入 / 傳出雲，即傳輸中的安全性，並配置適當安全控制，例如 VPC-SC。此處，需要考慮的重點是資料洩露、零信任安全模型以及如何設置 Cloud IAM，這些涉及設置身分驗證、資源授權和存取策略的治理。

由於可能須提供您的資料給那些需要存取所有資料的資料科學家使用，因此 Cloud IAM 和基於列的安全性可能不夠。針對訓練機器學習模型或許不需要的敏感資訊，您還必須確定是否需要對其進行屏蔽、標記化或匿名化。隨著資料越來越常使用於機器學習，清楚了解要加密的內容以及如何實施差分隱私、全面存取監控，以及更改安全配置文件以響應不斷變化的風險能力，都變得格外重要。

資料保護治理流程還應針對何時需要單獨的網路設計、必須如何處理可攜式裝置、何時刪除資料，以及在資料洩露時應採取的措施制定政策。最後，因為新的威脅和攻擊媒介不斷地出現，資料保護需要保持敏捷性。因此，應定期重新審視和微調整套政策。

第八章

監控

先前的章節已解釋何謂治理；討論治理工具、人員和流程；研究資料生命週期中的資料治理；甚至更深入地研究治理概念，包括資料品質和資料保護。

本章將深入探討**監控**，以此了解您實施治理的日常執行情況，甚至是長期執行情況。您將了解何謂監控、它的重要性、在監控系統中尋找什麼、要監控哪些治理元件、監控的好處以及意義。若您已經在組織中實施了治理，您就會知道何者有效，何者又是無效的？能夠監控和追蹤治理計畫的績效非常重要，這樣您就可以向所有利益相關者報告該計畫對組織的影響。這使您可以要求額外的資源，並且根據需要以調整，從成功和失敗中吸取教訓，並真正地展示治理計畫的影響；更不用說，對貴組織的首席資料和數位長而言，那些可能變得更加明顯的潛在增長機會。但什麼是監控呢？讓我們從介紹這個概念開始。

何謂監控？

監控可以讓您在事情發生的第一時間立即了解情況，以便迅速地採取行動。由於社群網路的發達，不管公司或是個人，都可以在短時間內因某事件而迅速地竄紅，抑或是受到某個負面影響而身敗名裂。這就是這些社群平台的強大之處。使用者的期望加劇了應用程式和基礎設施的複雜性，造成超過 50% 的行動裝置需要 3 秒以上的時間，才能載入網站內容，這讓使用者失去耐心而放棄使用。因為大多數網頁花了很長時間才載入其網站內容，這在消費者期望和企業提供的能力之間，造成巨大差距[1]。

如果您是一家為客戶提供服務的組織，並且您知道載入網站所需時間的統計資料很重要，就必須確保有一個系統可以持續監控您的網站載入時間，並在該數字超出可接受範圍時發出提醒。您會希望確保團隊能夠在問題變得更嚴重之前就解決這些問題。

所以，什麼是監控呢？簡單來說，監控是一個全面的運營、政策和效能管理框架。目的是及時檢測並警告程式或系統可能出現的錯誤，並為業務創造價值。組織使用監控系統來監控設備、基礎設施、應用程式、服務、策略甚至業務流程。由於監控適用於許多業務領域，這超出我們可以涵蓋的範圍，因此本章將重點關注與治理相關的監控。

監控治理涉及捕獲和衡量從資料治理舉措、合規性，以及已定義政策和程序的例外情況中產生的價值；最後，在資料集的整個生命週期中實現透明度和可審計性。

監控的有趣之處在於，在一切運行良好且沒有問題時，為監控這一切而所付出的努力往往不會獲得任何注意。但一出現問題和差錯，例如資料品質或合規性異常時，治理往往是最先受到指責的領域之一，因為這些領域恰好屬於應該持續監控的範圍（本章後面會更深入探討）。因此，定義指標對您來說很重要，這些指標可以讓您向業務證明您在資料治理方面的努力和投資正在降低成本，增加收入，並提供商業價值使業務受益。針對欲追蹤的部分，您需要實現相應的指標，使您能夠了解和展示您對可接受標準所做的改進。稍後，在本章的其餘小節中，我們將為您提供一些可以追蹤的關鍵指標，以顯示治理計畫的成效。

為什麼要監控？

透過監控，您可以審查和評估資料資產的性能，在組織內引入政策變更，並且從有效和無效的方面汲取經驗，最終目標是為企業創造價值。如果您的組織習慣於藉由其客戶群的反饋以了解事件，並且在人工支援上花費太多時間和金錢，那監

1 *https://oreil.ly/Hxgj9*

控系統就至關重要。監控服務可以提供許多不同的功能，對於大多數的使用案例而言，監控系統將協助您進行警報、會計、審計、和合規性方面的工作。接下來，讓我們深入探討這些核心領域：

警報

用最簡單的術語來說，警報是警告某人或某物存在危險、威脅或問題，以避免進一步發生或立即地處理。警報系統可以幫助您預防事故，並且當事故發生時，它們會更早、更快地被檢測到。專為監控資料品質而設計的治理監控系統，可以在資料品質閾值超出允許範圍時提醒您，從而避免服務中斷，或最小化解決問題所需的時間。

會計

會計是指對事件或經歷的報告或描述。在監控的核心領域，您希望深入地分析您的應用程式、基礎設施和策略。這使您能夠創建更合適的策略、設定切合實際的目標，並了解需要改進的地方，從而讓您發現資料治理和管理工作產生的有效性和價值。

審計

審計是指對某事物進行系統性的審查或評估，以確保其按照設計來執行。審計還可以使資料資產及其生命週期透明化，也可以讓您了解業務的來龍去脈，以便改進流程和內部控制，降低組織風險，並防止因來自外部稽核進而產生非預期的成本支出。

合規性

法規遵從性是指幫助您滿足相關政策、法律、標準和法規所需的努力。當您的系統、閾值或策略超出定義的規則，導致流程不合規時，監控可以幫助您保持合規性；一旦檢測到這些異常，您就會收到警報，讓您有機會解決問題以保持合規性。

雖然這不是我們第一次討論這個主題，但這裡想重申警報對治理計畫的重要性。在無數次的採訪和我們的研究中，缺乏足夠的警報常常是資料科學家、資料工程師所提及的首要痛點。雖然我們已經討論過許多對成功的治理策略至關重要的因素，但適當的警報往往被忽視。這方面的改進不僅有助於預防和及早發現事件，還有助於簡化任務和員工花在這些任務上的時間。

監控的使用案例往往屬於剛剛強調的四個類別，並且在大多數情況下它們會重疊。例如，當您監控組織的合規性時，這也可以幫助您進行審計，並證明您的組織正在做正確的事情，且按照所設計的執行。

通常，您可以透過購買市面上的監控系統，並將其配置、整合到其他內部系統，以建構自身的監控解決方案來達成監控目的。它也可以作為託管服務外包給其他供應商，以便更容易地設置和降低成本，或者如果您使用的是雲解決方案，它可以嵌入到您組織的工作流程中。此外，也有一些開源的監控工具可供您考慮作為解決方案。本章之後會更深入研究；現在，讓我們先關注您應該監控的治理領域、原因和方式。

為什麼警報是一項重要的監控功能？

這個值得警惕的故事，來自一家為全國 50 間主要醫院提供服務的小型網站管理服務公司。因為這間公司的業務發展一切順利，所以它決定推出一項新服務，讓患者和合作夥伴可以在線上支付醫療帳單。

有一天，在系統維護過程中，一名員工不小心關閉公司的防火牆，導致存儲在其線上帳單服務系統中，至少包含 5 家醫院和大約 10 萬名患者的資料全數暴露在世人面前[2]。而由於受影響醫院報告的違規事件被視為單獨事件，因此嚴重性沒有立即顯現。這個故事是否聽起來有點熟悉，老實說，這樣的事件仍然在許多存儲客戶資訊的組織中不斷地發生。

不幸的是，這家小公司沒有辦法從這樣的事件中恢復過來，只能關閉網站並關門歇業。我們可以從這次經歷中吸取到很多教訓，因為如果客戶的資料被正確地管理和存儲，也就是說，如果資料已加密並對其實施正確的存取控制，那麼就更容易在事件發生當下，及時地發現並立即通知醫院。此外，這也強調了監控的重要性，更具體地說，是警報的重要性，一名員工就能關閉防火牆系統，而且沒有觸發任何系統警報或提醒相關人員，實在令人恐懼。

2 Tim Wilson，〈一個警世故事〉（A Cautionary Tale），《Dark Reading》，2007 年 8 月 17 日（*https://oreil.ly/n35j7*）。

您應該監控什麼？

組織內的許多領域都受到監控：作業系統和硬體、網路和連接、伺服器、流程及治理等等。為了緊貼本書和本章的核心，在此將更深入研究與資料治理相關的監控。接下來要探討的許多概念已經在前面章節介紹過，因此重點將關注需要監控的部分以及監控方式。我們將不斷回顧您所學的內容，以鞏固關鍵領域的這些概念。

資料品質監控

我們在第一章和第二章中曾介紹資料品質的概念，並在第五章中詳細地討論了這個概念。資料品質使組織能夠信任資料和其結果，高品質的資料意味著可以依賴這些資料以進行更進一步的計算，或與其他資料集的整合。有鑑於資料品質的重要性，應主動對其監控，並即時地識別和標記合規異常，這將使組織能夠迅速地識別，和緩解那些可能導致流程中斷的關鍵問題。

您應該追蹤和測量資料品質的關鍵屬性，包括完備性、準確性、重複性和一致性。並且將這些屬性映射到您為治理計畫提出的具體業務需求，這些都在表格 8-1 中詳細概述。監控可以幫助您創建驗證控制，並在這些屬性超出定義的閥值時提供必要的警報。表格 8-1 中的屬性，是指在資料管理領域，那些使得用於分析的資料難以被信任的主要問題。

表格 8-1　資料品質屬性

屬性	描述
完備性	識別哪些資料丟失或不可用。
準確性	識別資料的正確性和一致性，以及物件是否存儲正確的值。
重複性	識別哪些是重複資料。重複的紀錄會很難知道用於分析的正確資料。
一致性	識別哪些資料以不允許分析的非標準格式存儲。

監控資料品質的流程和工具

資料品質監控系統在整個資料生命週期中定期監控和維護資料品質標準，並確保資料滿足這些標準。它涉及創建驗證控制、啟用品質監控和報告、評估事故的嚴重程度、進行根本原因分析以及提供補救建議。

在設置資料品質監控流程時，需要考慮的一些事項是：

建立基準線

　建立當前資料品質狀態的基準線。這將幫助您確定品質不足的地方，並幫助確定什麼是「好品質」以及這些目標是什麼。這些目標必須與您為治理計畫設定的業務目標相關連。隨著時間的推移，持續的比較品質結果，對於主動管理資料品質改進和治理至關重要。

品質訊號

　品質訊號通常是指在一段時間內或透過資料源所觀察的結果。監控系統將驗證資料欄位的完整性、準確性、重複性、一致性和統計異常等。當資料品質低於指定閾值時，將觸發警報並提供有關觀察到的品質問題等更多資訊。這些品質訊號規則通常由資料治理委員會制定，確保其遵守資料政策、規則和標準。第四章概述與此相關的更多詳細資訊。這些政策指南和程序可確保組織維持在自己所設想的發展路徑之上。

為了開始監控資料的品質，對於資料品質目標須確立一組基準線指標，並使用它來幫助您構建業務案例以證明投資合理性，並隨著時間推移，藉此幫助您改進治理計畫。

資料歷程監控

在第二章中，我們曾介紹資料歷程的概念，並討論追蹤歷程之所以重要的原因。資料的自然生命週期，是由多個不同來源所產生 / 創建，然後經歷各種轉換以支持組織生成洞察力。在這整個過程中，它會生成許多有價值的背景資訊，而這對於追蹤至關重要。這就是資料歷程的意義。監控歷程對於確保資料完整性、品質、可用性以及生成的分析和儀表板的安全性都非常重要。

老實說，追蹤和監控歷程不是一項簡單的任務；對於許多組織來說，他們的資料生命週期可能非常複雜，因為資料從不同的來源流入，從文件到資料庫、報告和儀表板，同時經歷不同的轉換過程。歷程可以幫助您追蹤為什麼某個儀表板的結果與預期不同，並且可以幫助您查看敏感資料類別在整個組織中的移動。

當在追蹤和監控歷程時，了解您將遇到的某些關鍵領域非常重要。表格 8-2 包含所提及的一些關鍵屬性。請注意，這裡並不包括所有內容，而只是一些您需要了解的較為重要內容。

表格 8-2　資料歷程屬性

屬性	描述
資料轉換	資料在資料生命週期中移動時的各種變化和操作行為，如聚合、附加、刪除或函數等。監控可幫助您了解資料點的詳細資訊及其在資料轉換過程中發生的每個細節。
技術面的元資料	想進一步了解資料元素，元資料很重要。啟用基於資料來源的資料自動標記，有助於更佳理解資料資產。
資料品質測試結果	代表在資料生命週期的特定點所追蹤的資料品質測量值，以便視情況需要而採取行動。
參考資料值	參考資料值可用於了解來自該特定資料點的回溯資料歷程和轉換，和該點之後的中間轉換，具有向前資料歷程。總而言之，了解參考資料值有助於執行根本原因分析。
參與者	參與者是轉換資料的實體。它可能是一個 MapReduce 工作或整個資料渠道。參與者有時候可以是個黑盒子，它的輸入和輸出以某種關連形式呈現，以捕捉資料歷程。

監控資料歷程的流程和工具

使監控歷程變得如此複雜的原因，在於它需要在多個級別和粒度上捕獲指標；而這一切的複雜性和依賴性既乏味又耗時。正如本章前面所提，監控有著不同的目的；對於歷程，它可用於提醒、審計和遵守一組定義的規則和策略。如表格 8-2 中所述，您可以監視的事情之一是參與者的行為；當其轉換後的輸出結果不正確時，可以設置一個警報功能來調查該輸入，並糾正參與者，以使其表現符合預期，或將該參與者從資料的處理流程中刪除。

監控歷程還可以提供對歷程的審計追蹤，用於確定資料是否已洩露或者洩露未遂，並且牽涉到哪些人員、內容、地點和時間，以便了解哪些業務領域深受影響，或差一點受其影響。此外，資料歷程追蹤的重要細節，是為企業提供合規性和改善風險管理的最佳方式。

歷程是關於提供資料的來源、使用方式、查看者，以及資料是否發送、複製、轉換或接收的紀錄，並且還涉及確保此資訊可用。您需要根據業務的實際使用案例和需求，為您的組織找到最佳的實現方式。談到識別資料元素，對於列出的元素，追蹤須回溯到它們的來源，並且創建一個存儲庫以標記來源及其資料元素，最後，為每個系統構建視覺化地圖和整個系統的主地圖。

合規性監控

前幾章已經詳細介紹合規性。了解各州和聯邦法規、行業標準和治理政策，並及時了解任何變化可確保合規性監控有效。

法律和法規的不斷變化，可能會使監控合規性變得困難且耗時。不合規是一個不能接受的選項，因為它通常會導致巨額罰款，有時甚至是維持或滿足合規性要求成本的兩倍以上。在 Ponemon Institute[3] 的一項研究中，遇到不合規問題的組織，平均損失為 1,482 萬美元。這包括罰款、強制合規的成本、客戶信任的喪失以及業務損失。

監控合規性意味著擁有一名內部法律代表（律師），儘管有時候這項任務落在隱私權統治者或其他安全人員身上，他們必須不斷地關注相關法律、法規的發展及其對您業務的影響。它還要求根據蒐集到的新資訊而做出更改，以保持合規性。此外，為了要保持合規性，您需要審核和追蹤對組織內資料和資源的存取。所有這些都是為了確保您的企業在政府審計時能夠合規。

監控合規性的流程和工具

要成功監控合規性，您需要評估哪些法規適用於您的資料治理工作，以及如何滿足這些法規。完成後，進行審計以了解您當前的治理結構與相關法規的關係。將此視為基準練習，以了解您當前的狀況、未來的需求以及如何制定下一階段的計畫以達到最終狀態，然後持續監控以確保維持合規性。

當完成審計後，您應該開始制定監控計畫；此時，您應該解決在審計階段發現的所有風險，並優先處理那些對組織構成最大威脅的風險。接下來，您將決定如何實施監控程序，包括角色和職責。

上述工作的結果，將取決於相關監管委員會的監管變更、更新程度和頻率。對於失敗的審計結果，請確保您有辦法將該結果通知監管機構，以及告知監管機構你計畫如何減輕它們所造成的影響。

以下是您可以積極應對合規性的一些方法：

3 *https://oreil.ly/JJxHl*

- 時時刻刻關注法規變化並確保您正在檢查最新的標準和法規。當然，這說起來容易做起來難。
- 保持透明，以便您的員工了解合規的重要性以及他們所遵守的法規。提供培訓課程解釋法規及其意義。
- 在組織內建立合規性文化。沒錯，必須有人負責即時地了解公司可能需要或不需要遵守的監管要求。大多數的大公司都有龐大的合規團隊；即使您是一個小組織，指定專人處理合規性仍然很重要，這包括監控、檢查法規和標準的更新等等。
- 在您的合規人員 / 團隊與法律部門之間培養牢固的關係，以便在事件發生時，這些團隊彼此步調一致並且已經習慣於一起工作。

監控合規性可以是一個手動過程，有檢查清單等等，但這也會使事情變得更加複雜。您的組織可以查看自動化合規性工具，這些工具可以即時提供合規性檢查，為您提供持續保證，並最大限度減少因人為錯誤而導致合規性差距的可能性。

專案績效監控

監控和管理治理專案的績效是向企業高層展示計畫成功不可或缺的一部分，這種類型的監控使您能夠追蹤專案的進展符合預期的目標。並且，考量資金的效益和有效使用，確保治理專案為組織提供正確的結果，並確定改進機會以繼續為業務創造影響。

為了監控專案的績效，您可能想要衡量的一些項目包括：

- 已承諾資源和贊助的業務面向、職能領域和專案團隊的數量
- 針對治理功能的所有問題，和處理方式及產生影響
- 在整個組織中，引導員工參與治理專案的程度、員工實際參與治理專案的程度和治理專案的影響力，這將有助於眾人了解治理專案的價值。
- 加值互動，包括培訓和專案支援，以及對業務的影響。
- 投資資料治理的商業價值報酬率，包含透過確保合規性以減少罰金、降低企業在合約、法律、財務及品牌等方面的風險、提高運營效率、營收增長以及優化客戶體驗和滿意度。

監控專案績效的流程和工具

專案績效監控需要持續不斷，以幫助您識別未達到預期績效的地方，並確定哪些類型需要調整。大多數的績效管理框架由圖 8-1 概述的活動所組成 [4]。

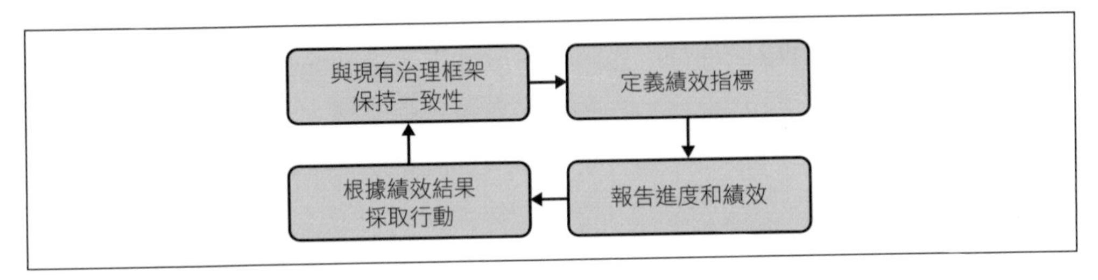

圖 8-1 績效管理框架

讓我們一一細看框架中的每一個項目：

與現有治理框架保持一致性

這可確保您的專案績效與已建立的治理框架保持一致。第四章曾深入探討治理框架、分組，以及有效治理所需的條件。

定義績效指標

現在您已經與現有治理框架保持一致，為您的治理計畫制定關鍵績效指標（KPI）。這些應該是明確定義、相關且資訊豐富的。

報告進度和績效

記錄治理績效目標及其實現方式，並與領導層共享此資訊將確保人們看到該專案的價值。提供報告並使其成為人們使用這些資訊的基本方式。

根據績效結果採取行動

重要的是，要找到確保績效結果被用來指導組織決策的方法；否則將失去其意義。

正如您在圖 8-1 中所見，這是一個持續的迭代過程，當前步驟都會接收上個步驟的資訊，並輸出結果給下一個步驟。

---

4 Grosvenor Performance Group，〈您的專案進展如何……真的嗎？績效監控〉（How Is Your Program Going…Really? Performance Monitoring），2018 年 5 月 15 日（*https://oreil.ly/BaX2W*）。

安全性監控

因來自國家級攻擊者的新威脅和越來越複雜的攻擊手法，網路攻擊正變得比以往任何時候都來得更為嚴重。根據 Cybersecurity Ventures 的資料，至 2021 年，與網路犯罪相關的損失預計將達到每年 6 兆美元[5]。此外，許多國家現在更加重視消費者資料隱私和保護，因此藉由引入新的立法來追究企業的相關責任。

攻擊造成的損失不僅僅是金錢，它們還可能會影響企業的品牌形象和股東聲譽。在最近的 Equifax 資料洩露事件中，曝光超過 1.4 億條紀錄，該公司很可能為解決該問題花費了超過 320 億美元的成本[6]。這反映在他們的股價上，此事件揭露出來後下跌超過 30%。雪上加霜的是，Equifax 的同行那些沒有遭到破壞的公司，股票也下跌了 9%，這可能是由於人們對安全措施失去信心所致[7]。因此，即使您做對了所有事情，您仍然會受到違規的影響。

這就是安全監控如此重要的原因。它是蒐集和分析資訊以檢測網路上可疑行為或未經授權的系統更改，以便根據需要採取措施的流程。大多數公司經常面臨不同嚴重程度的安全威脅；安全漏洞的原因包括駭客和惡意軟體、粗心的員工以及易受攻擊的設備和作業系統。把安全威脅視為日常工作的一部分；因此，重要的是在威脅和違規造成損害和破壞之前做好準備，並採取行動。

您可以在許多業務領域監控安全性。表格 8-3 強調的是其中一些領域。

表格 8-3　安全監控項目，顯示您可以監控組織內某些領域的安全性

項目	描述
安全警報和事件	這些是從 IT 環境生成的任何警報或事件。它們可能是資料洩露或異常通訊埠活動、違反可接受的使用策略或違反特權用戶活動。
網路事件	這涉及監控網路活動和接收警報或所選事件發生報告的能力，包括設備狀態及其 IP 地址、新設備警報和網路狀態。

5　〈2020 年必須知道的 29 項網路安全統計資料〉（29 Must-Know Cybersecurity Statistics for 2020），《Cyber Observer》，2019 年 12 月 27 日（*https://oreil.ly/iQ0M_*）。

6　〈您需要 24x7 網路安全監控的 5 個原因〉（5 Reasons Why You Need 24x7 Cyber Security Monitoring），《Cipher》（部落格），2018 年 5 月 15 日（*https://oreil.ly/VXyOD*）。

7　Paul R. La Monica，〈Equifax 道歉後，股價又下跌 15%〉（After Equifax Apologizes, Stock Falls Another 15%），《CNNMoney》，2017 年 9 月 13 日（*https://oreil.ly/iNN_C*）。

項目	描述
伺服器日誌檔	這涉及持續監控和檢測伺服器活動、在伺服器事故發生前檢查是否有警報被觸發、記錄伺服器日誌和報告以便於追蹤錯誤、執行日誌分析以及監控伺服器的性能和容量。
應用程式事件	這涉及監視記憶體中軟體和應用程式的事件，確保可以存取它們並順利執行。
伺服器更新檔合規性	這涉及安裝和修補 IT 環境中的所有伺服器以保持合規性。這有助於減少漏洞、伺服器停機和崩潰以及速度減慢。
端點事件	這是可以由應用程式、執行程序或事件實例發出的所有事件列表。
身分存取管理	這涉及定義和管理各個網路使用者的角色和存取權限，並在每個使用者的存取生命週期中維護、修改和監控此存取權限。
資料遺失	這涉及檢測潛在的資料洩露 / 未經授權的資料傳輸，並在資料使用、移動和靜止時，採用監控技術和預防措施。

監控安全性的流程和工具

一個有效的安全監控流程是持續的安全監控，提供對組織安全狀況的即時可見性，並不斷尋找網路威脅、安全配置錯誤和其他漏洞。這使組織能夠領先於網路威脅一步，減少響應攻擊所需的時間，同時遵守行業和法規要求。

網路安全可以在網路級別或端點級別進行。網路安全監控工具可以聚合和分析來自不同來源的日誌檔，以檢測任何故障。另一方面，端點安全技術在主機級別提供安全可見性，允許在處理流程中更早地檢測到威脅。

安全監控是一個有很多參與者的領域：從提供您可以在組織內實施解決方案的公司，到可以將整個服務外包的綜合型公司。您選擇使用的解決方案取決於您的業務、內部團隊的規模、預算、您可以使用的技術，以及您正在尋找的安全監控複雜程度。在您為業務做出有效決策之前，需要權衡這兩種選擇的優缺點。

您現在應該了解要監控哪些治理項目、監控方式和原因。下一節將更仔細地研究監控系統、它們的功能以及要監控的標準。

什麼是監控系統？

監控系統是一套用於分析營運和效能的工具、技術和流程，以提醒、核算、審計和維護組織的專案和資源的合規性。一個強大的監控系統對於專案的成功至關重要，並且需要根據業務需求優化。

可以透過購買系統並將其配置到您的其他內部系統來完成內部監控；如果內部缺乏專業知識和預算，它也可以外包給其他廠商作為一種託管服務；或者，如果您使用的是雲解決方案，它可以嵌入到您組織的工作流程中。此外，也可以考慮開源工具提供的一些監控方案。無論您選擇哪種選項，一個好的監控系統都有以下這些共同特徵。

即時分析

即時性就是一切的價值。在事物變化如此之快且人們需要觸手可及資訊的世界中，您必須擁有一個可以即時分析的監控系統。一個好的系統應該提供持續監控，延遲最小化，使您能夠在需要的時候即時進行變更。

系統警報

監控系統需要能夠在事情發生時發出訊號，以便於採取行動。允許多人獲得正確資訊的系統將有助於確保盡快解決問題。系統應允許配置多個事件，並能夠根據警報設置不同的操作集合。警報應包含有關錯誤原因以及在何處查找其他資訊的訊息。

通知

一個好的監控系統需要有一個強大的內建通知系統。現在已經沒有人在使用呼叫器，因此您的系統需要能夠發送 SMS 訊息、電子郵件、即時通訊軟體內的聊天訊息等，以確保該通知傳達給正確的人。當收到通知後，合適的人員需要能夠向團隊反饋已收到警報並且正在調查問題；問題解決後，告知系統或流程已恢復正常操作。通知應該也要可以自動地啟動附加處理流程，其中某些系統會基於此採取進一步的行動。

報告 / 分析

監控系統是巨量資料的集合和匯總之處，它提供一段時間內蒐集到的所有警報和觸發事件。您的監控系統需要支持強大的報告能力，以便您可以將資料呈現給客戶或組織中的不同部門。報告使您能夠識別趨勢、關連模式，甚至預測未來會發生的事。

圖形視覺化

蒐集資料應該要具備分析和將情況視覺化的能力。監控系統中的儀表板能作為一個確保每個人都有可以查看事情發展情況的地方，甚至可以觀察一段時間內的趨勢以發揮關鍵作用。以視覺化表達方式來表示正在發生的事情，可以讓人們更容易理解和吸收。並且這也是資料治理解決方案中，客戶最重要的要求之一。一個好的監控系統應該要有友善且易於理解的圖表，使組織能夠做出決策。

客製化

不讓人意外地，不同組織有著不同的業務需求。您需要能夠根據功能、使用者類型、權限等以自定義您的監控系統，從而允許您觸發正確的警報，並讓正確的人採取行動。

監控系統需要獨立運行於正式生產環境之外，它們不應該為正在追蹤的系統帶來負擔。這樣可以確保監控系統在正式環境中斷或其他故障事件的情況下能繼續運行。否則，當正式環境故障時，可能就會導致監控系統癱瘓，這就違背了它存在的目的。此外，與任何系統一樣，確保您的監控系統具有故障轉移功能，以防它受到停電或故障的影響。圖 8-2 是一個簡單的監控系統，它強調前文所提及的一些功能。

正如您可以想像的那樣，隨著機器學習功能的引入，監控系統變得更加複雜，因此儘管上述提及的功能很強大，但它絕不是全面且最終的標準。應該以此列表為起點，為您的組織選擇或構建正確的監控系統，並根據使用案例和公司需求而進行必要的強化。

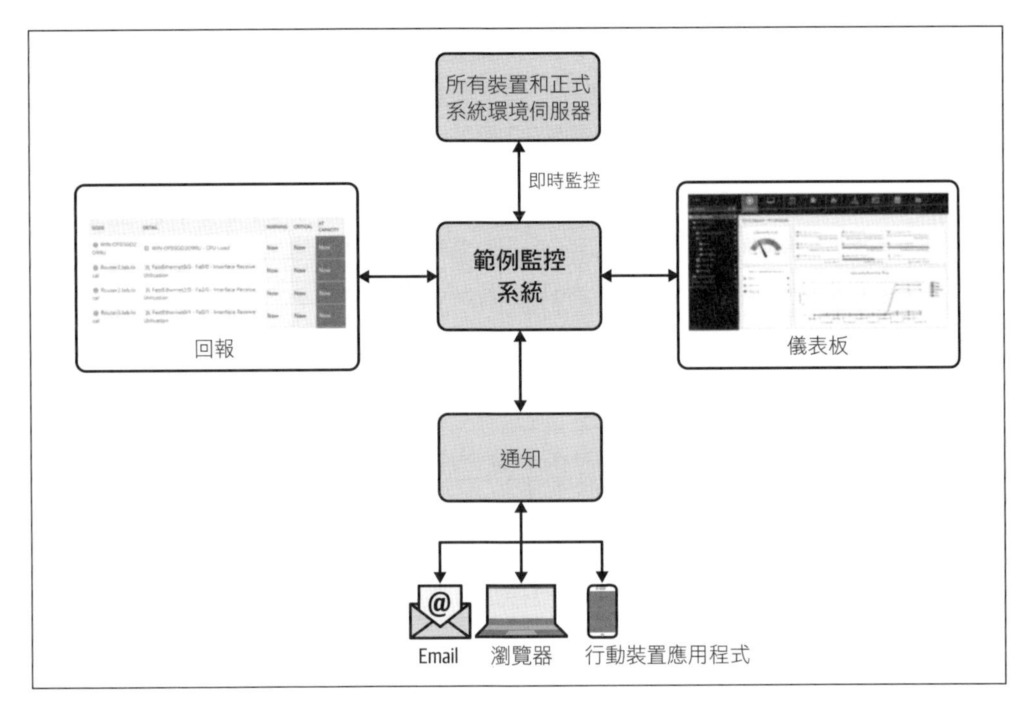

圖 8-2 監控系統範例

監控標準

現在您已經選擇某個監控系統了，那麼您可以設置哪些類型的監控標準呢？監控系統以兩種不同的方式蒐集資料：*被動系統*：觀察應用程式和系統在正常情況下創建的資料，即日誌文件、輸出的訊息等；*主動系統*：相較前者較為主動，它使用代理和其他工具，以監控模塊捕獲資料，並且通常整合在正式環境的系統中。

以下是設置監控系統時可以遵循的一些常見標準：

基本詳細資訊

確定要監控項目的基本詳細資訊。捕獲一系列的規則清單、它們的用途以及每個規則的不同名稱。如果您的系統有預定義的警報和查詢，請選擇您要監控的警報和查詢並相應地標記它們，以便輕鬆識別。

發送通知的條件

將發送通知的條件寫成程式碼。一旦滿足您設置的查詢 / 標準，並根據配置的閾值評估其結果，如果違反規定的標準，則應發出警報。並且藉由電子郵件或 SMS 訊息來識別應該收到通知的使用者，並且應在監控儀表板上提供這些資訊。此外，僅僅發送警報是不夠的；您需要確保值班人員收到警報並且正在處理它。如果該人員出於某種原因無法處理，則需要將警報重新傳送至能夠回應警報的合適人員。如果該警報一直未得到回應，而且指標持續保持在閾值之外，系統就應在指定的時間內再次發送通知。

監控次數

在這種情況下，指明特定驗證的運作頻率，如每天 / 每週 / 每月，然後指定它在一天內發生頻率和時間長度，例如，一天之中的正常上班時間和一天內的頻率。這更像是一個直覺檢查系統，旨在確保流程和系統正常運行；它對於監控事物以確保持續運行的被動系統更有用。

鑑於所有這些項目的複雜性以及維護它們所需的複雜程度，監控系統使這一切成為可能。下一節是一些提醒事項，與其他您應該牢記的事項。

監控的重要提醒

藉由本章，您會發現一些在監控方面反覆出現的主題。以下是需要牢記的注意事項：

監控系統入門

就像任何軟體開發過程一樣，可以藉由購買系統並將其配置到您的系統以在內部監控；如果組織內部缺乏專業知識和預算，也可以將其外包給其他廠商作為託管服務；或者，如果您使用的是雲解決方案，也可以將它嵌入到您組織的工作流程中。此外，開源工具也提供一些可以考慮的解決方案。

即時改善決策制定

對於上一節概述的大多數治理項目而言，持續、即時的監控系統對於改善決策制定和保持合規性至關重要。此外，擁有一個強大的警報系統，並允許人們依據其需要採取行動，將確保在系統的 SLA 範圍內糾正問題。

資料文化是成功的關鍵

> 員工培訓需要融入您的業務，也就是您的資料文化裡，詳情可見第九章。許多治理問題是由員工承擔的，他們可能沒有意識到他們正在做的事情會危及業務。找到因材施教的方法，因為只有意識學習這件事會影響到個人時，人們才會願意接受教導。

總結

本章旨在為您提供監控的基礎，以及思考如何為您的組織實施監控。監控對於了解您的治理實施在日常和長期基礎執行情況皆至關重要。然而，監控到底管不管用，我們馬上就能知道了！它允許您請求額外的資源，並依據需要來糾正發展路線，從成功和失敗中吸取教訓，並真正展示您的治理計畫影響。

對您當前的治理和監控計畫審計，並根據需要對其擴充，這樣做會為您的組織帶來更多的好處。

第九章

建立安全性和資料隱私文化

本書涵蓋很多內容：資料治理的注意事項、涉及的人員和流程、資料生命週期、工具等等。這些都是拼圖的各個部分，最終需要將這些拼圖拼湊在一起，才能使資料治理取得成功。

如前所述，資料治理不僅涉及產品、工具和執行流程的人員，還需要建立資料文化。精心建立和實施資料文化，尤其是專注於隱私和安全性的資料文化，不僅有助於建立成功的資料治理計畫，而且還能確保該計畫得到長期維護。

正如第三章所討論的那樣，圍繞著資料治理的人員和流程，連同整個資料治理工具都是資料治理計畫的重要組成部分。本章中將更進一步，將資料文化，也就是公司內部圍繞著資料的文化，作為創建非常成功資料治理計畫的關鍵最終組成部分。

資料文化：它的定義以及重要性

資料文化是公司或組織內圍繞著資料蒐集、資料處理的一系列價值觀、目標、態度和實踐。儘管許多公司或組織花費大量時間審查資料治理工具和創建流程，但他們往往未能在公司內部，圍繞著資料建立起一種文化。

這種文化定義並影響以下事物：

- 公司 / 組織內部如何看待資料？它是資產嗎？需要做出決策嗎？它是公司最重要的部分，還是只是需要管理的東西？
- 應如何蒐集和處理資料？
- 誰應該在何時處理資料？
- 誰在其生命週期內對資料負責？
- 將投入多少資金和資源來追求於公司 / 組織的資料目標？

雖然這肯定不是一個詳盡的列表，但它開始向您展示了資料文化定義中的大量考慮因素。

出於多種原因，擁有一套明確的資料文化很重要，但最重要的是它奠定了基礎，並充當資料治理計畫中將其他所有內容結合在一起的黏著劑。

我們將在本章中更詳細地介紹資料文化的「北極星」面貌，以及在設計自己的北極星時應該考慮的因素。

從高層開始：資料治理對企業的好處

建立成功資料文化的一個關鍵，是獲得公司高層的支持，這通常需要公司內部的決策者了解資料治理計畫的運作方式，並就實施資料文化為何有益於公司的可接受標準達成一致性的共識。高效的資料文化有助於確保可靠、高品質的資料，而這不僅可以產生更好的分析，還可以減少違反合規性和遭受處罰。並且，正如 2018 年包括麥肯錫（McKinsey）在內的許多報告所敘述，所有這些措施都將帶來更好的業務績效。該報告發現，那些「有所突破的公司」，聲稱其擁有強大的資料治理政策可能性是其他公司的兩倍[1]。在我們採訪的許多公司中，關於啟動和實施資料治理計畫的最常見抱怨之一，是爭取獲得那些有權資助資料治理計畫的人支持，以及他們是否支持資料文化。

1 Peter Bisson、Bryce Hall、Brian McCarthy 和 Khaled Rifai，〈突破：擴展分析的秘密〉（Breaking Away: The Secrets to Scaling Analytics），McKinsey&Company，2018 年 5 月 22 日（*https://oreil.ly/1CYJG*）。

通常，對資料治理計畫和建立資料文化的投資，無論是在購買工具和基礎設施方面，還是在增加員工人數方面，除了希望因此能保證公司不再因不遵守規定而收到罰款，其他往往容易視為沒有投資回報率的成本支出。然而，經過深思熟慮和執行良好的治理計畫，可以藉由適當的資料處理以節省成本，並且可能增加舊有資料的存在價值。

我們已經發現並將討論幾個非常有說服力的領域，可以幫助決策者了解建立資料文化的價值和重要性。

分析和可接受標準

我們已經深入討論了治理的含義，以及如何了解資料是什麼及它位於何處，這不僅有助於鎖定和處理敏感型資料，還有助於分析師執行更進階的分析。基於更高品質的資料，或多個來源綜合資料的進一步分析，使我們能夠做出更理想的資料驅動決策。所有公司都希望透過增加收入和減少浪費或支出，來提高獲利能力。對增加營收的希望和承諾，是整個推動資料驅動決策的核心。當決策者看出資料治理計畫和資料文化可以產生更好的分析結果，進而對可接受標準產生積極影響時，他們不僅更有可能「買單」，而且還可能搖身一變成為資料文化的擁護者和推動者。

對公司的角色和看法

雖然與可接受標準沒有直接關係，但大眾對公司的看法及其處理資料的方式，還是有很多可以探討的地方。

在過去五年內，有幾家公司因蒐集資料以及使用這些資料的方法而遭受嚴格審查。大眾認為這些公司不道德地使用資料，並帶來一系列負面影響，從員工士氣至財務影響，例如贊助商減少或客戶流失給競爭對手，而這些確實都會影響公司的可接受標準。

由上而下買單的成功案例

我們採訪過的一家公司，用非常成功的方式執行資料治理計畫，在很大程度上這歸功於組織高層的支持。該公司從事研究和醫療保健工作，並且希望從各方面蒐集的資料以分析業務。目前，它的資料駐留在每個業務面的各別存儲系統中，而想要將這些資料集中到一個中央存儲庫中，就表示它需要一個全面的資料治理政策。

我們希望本書中留給您的深刻印象是，所有公司都應具備資料治理政策和計畫，但當然也有某些受到高度監管的業務類型，例如醫療保健業，需要更加地注意其實施的治理。這類型公司知道一個全面的治理計畫需要在組織的許多不同層面裡廣泛實施。因為這類型公司幾乎只處理敏感資料，並且要兼顧移動、操縱這些資料、與其他資料集合併等等操作，因此也要有一流的資料治理。

為了讓管理層買單，該公司制定一個章程，準確地概述公司內部的治理計畫方案：應該遵循的框架 / 理念，需要的工具，執行這些工具所需的員工人數，尤其是資料文化的建立和持續強化等。這份章程是詳盡無遺的嗎？還是太過崇高或理想主義？也許都是。但透過這份章程，該公司能夠獲得高層的支持，現在它正在執行我們所見過最深思熟慮和結構化的治理計畫之一（包括治理相關任務的人員編制，這在實務上是罕見的）。

會提起這個例子，並不代表所有公司都必須和它一樣，或者那些規模較小、剛剛起步的治理計畫沒有價值。相反地：我們希望這個可能算極端的例子，可以呈現一個深思熟慮的策略，包括該策略將如何融入公司文化，可以幫助您不僅只是獲得最初的支持，還有後續的長期維護，和支持您的治理計畫程度。

意向、培訓和溝通

也許構建資料文化最重要的面向之一，是內部的資料素養、溝通和培訓。在本章的概述中，我們提到成功治理和資料文化的關鍵，不僅僅只是建立一個專案，而是隨著時間推移的維護以確保其持久性。為此，不可或缺的是意向、資料素養，這裡指的是對各種資料的深刻理解，和從各種資料中獲取有意義資訊的能力；以及培訓和溝通。

資料文化需要有意為之

正如前面已討論過的，一個成功的治理計畫需要固定流程，資料文化的構建和維護也大同小異。

重要的是：

在創造和建立資料文化時，公司首先需要確定對它來說何者最為重要，也就是它的宗旨是什麼？例如，處理大量敏感資料的公司，如醫療保健公司可能會認為正確對待和處理個人識別資訊（PII）是首要宗旨；而小型的遊戲應用程式公司，則可能會認定確保資料品質是其首要重點。或者，某家公司認定的重要宗旨可能有很多項，這也很好，關鍵在於這些宗旨需要明確定義並集體商定，因為資料文化其餘部分的建立和維護源於此步。

除了內部宗旨以外，還有一些本質上不可妥協的部分，例如法律要求和合規標準，無論如何，所有或可說大多數公司，都需要將其整合為宗旨。

這裡要注意的是，除了上述提及的要點和要求 / 合規標準之外，還有一個重要，甚至可以說是最重要的核心原則，是關懷。作為資料治理計畫的一部分，這個宗旨似乎格格不入，但它確實是資料文化的重要組成部分。為了使治理計畫發揮最高水準，公司及其員工必須有做正確事情的內在渴望。保護和尊重資料必須成為公司結構及其資料處理精神中不可或缺的一部分。它必須得到高層傳頌和支持，才能向下傳遞到公司的其他部門。一旦缺乏這個思想，公司就只是單純地在處理資料，也許有資料治理程序但沒有資料文化。雖然沒有一家公司願意僅僅依靠其員工做正確的事情，但培養資料文化有助於填補空白，避免事情總是偏離正軌。

培訓：需要知道的人和事

資料文化的成功實施不僅需要明確地定義其原則；它還需要確定誰將執行這些任務，他們又將如何執行這些任務，以及他們是否具備正確執行任務所需的知識和技能。

人、方法和知識

這三個領域的任一個，都常遭掩蓋、無視，或視為理所當然。當我們討論資料治理中涉及的不同「帽子」時，執行這些任務的其中一些人很可能幾乎沒有技術知識；承擔角色責任時，有些人可能正在執行其他任務，並且幾乎沒有時間專門做資料治理工作；因此，導致這一切圍繞著責任不清而出現故障，說不清誰應該負責什麼任務。有鑑於此，參與的人、方法和知識，這些組成元素中的每一個都很重要，不應忽視。在規劃和實施資料治理計畫的文化方面時，需要全面考慮所有要素。

資料治理和資料文化執行策略的一部分包括確定工作內容。重要的不僅是定義角色和職責方面，確保履行這些職責的人員擁有執行任務的技能和知識也同樣重要。僅僅招募一個人，給他一個工具以完成一項任務，然後希望一切圓滿成功是遠遠不夠的。擁有一個不僅只是獲得知識和技能，而且能隨著時間推移，還能保持知識和技能的計畫至關重要。

制定一個可靠計畫以確認需要哪些培訓以及如何宣傳培訓也相當重要。同樣地，這是很多公司步履蹣跚之處，他們可能已經決定工作分配，甚至提供一些初步培訓讓人員跟上變化；但他們忘記了，隨著技術和蒐集資料的增長和變化，增加新技能和知識可能也是具必要性的。培訓通常不是「一勞永逸」的活動，它應該要持續不停。

在設計您自己的培訓策略時，您應該考慮一開始要教給員工的內容，以及後續培訓中可以繼續加強和引入的內容。例如，有些公司已經成功舉辦「隱私週」或「資料週」等活動，在這些活動中審查有關正確資料處理和治理注意事項的基本培訓，並引入新的注意事項和法規。相比於簡單地提供所需的虛擬線上培訓內容，使這些「事件」顯得更成功的原因是，您可以圍繞著最近重要的特定主題，可能是發生的內部問題、已啟動的新法規，甚至來自外部公司高度談論、關注的問題等以進行活動。這種活動結構為您提供一些關於如何培訓的自由性和靈活性，具體取決於您要對員工強化或宣傳的最重要內容。

表格 9-1 是此類活動的範例。

表格 9-1 行程表範例

禮拜一	正確資料處理和治理的基礎知識 / 1 小時
禮拜二	如何使用我們的治理工具：基礎篇，或 關於我們治理工具的「方法」：進階篇。您知道您也做得到嗎……？！ / 1 小時
禮拜三	治理與道德：治理如何以及為何成為每個人的責任 / 1 小時
禮拜四	我該如何處理？遇到治理問題時應該怎麼做的指南 / 一小時
禮拜五	在治理和資料文化方面，您認為對您的組織特別重要的客座講者 / 1 小時

當然，您必須評估哪種培訓策略最適合您的組織，但這裡的要點在於您應該有一個**持續**策略；一個不僅能解決員工需要的初始培訓和專業知識策略，以及可以繼續加強過去的學習，並引入新的學習。

溝通

我們經常看到另一個遭忽視的領域是刻意圍繞著溝通的計畫。正如培訓中所提到，溝通也不是「一勞永逸」的活動。不僅應該持續性和一致性，而且應該具有戰略性且詳盡無遺。事實上，我們認為適當的溝通和圍繞它的刻意戰略，是推動強大且有效的資料文化動力。

自上而下、自下而上以及介於兩者之間

說到資料治理計畫的溝通時，需要考慮多個面向。兩個常見的關注點是**自上而下**的治理計畫本身及其實踐、標準和期望的溝通，以及**自下而上**的溝通，包括解決治理中正在冒出來的違規行為和問題。

雖然這兩個方面顯然都很重要，但它們只是培養全公司資料文化所必須溝通的一**部分**而已。這些面向往往只關注治理資訊的來回傳遞，而不是關注如何發展和豐富資料隱私和安全**文化**。對於資料文化，溝通需要以原則為中心點，型塑公司內部資料文化面貌，讓所有原則成為其中一部分，因此造就整體成功。

此外，雖然並不是專門的培訓機構或人員，但支持公司資料文化的溝通不僅可以提醒和強化上述培訓中涵蓋的資訊，還可以增強公司的整體願景和對其資料文化的承諾。

超越資料素養

上一節曾簡要討論在資料文化中培養關懷的價值和影響。這裡，我們將更深入地探討這一點，並擴展這是成功資料文化基本組成部分的原因。

激勵及其瀑布效應

可以肯定的是，圍繞著資料內容，即有哪些不同類型的資料；以及處理資料該有的方式等教育必不可少，但是別忘了，思考其中的原因也是不可或缺的。資料文化中一個很容易遭到忽視的組成部分就是，為什麼要處理和尊重資料的問題。當然，它是治理空間中某些帽子的重要職責，例如法律和隱私權統治者等，但其他帽子也應該如此。

激勵和採用

無論如何，這都不是關於心理學的描述；然而，激勵的力量及其影響人們選擇這樣做，而非那樣做，很大原因決定資料文化是否會得到採用或遭淘汰。

若期望資料文化得到充分地採納，確實需要從上層開始將激勵的力量滲透到底層。例如，當一家公司需要實施治理計畫以遵守新的資料合規性和安全性法規時，公司內的幾個人或團隊知道他們的資料蒐集和處理，需要滿足更高的標準才能合規，並將這種需求反映至公司的管理層。為了完全實施治理計畫（如同本章前面所討論），公司高層需要認同治理計畫，即治理計畫很重要並且值得他們支持，包括資金。如果沒有公司管理層對治理計畫的支持，該計畫很可能會因缺乏預算，和缺乏對資料文化的持續倡導而達不到要求。

管理層對治理計畫的參與和信任，以及資料文化的實施會產生許多對其他方面的影響。

首先是財務方面。如果沒有適當的資金，一家公司就不會在員工人數和工具方面擁有資源，而且在資料治理領域的教育，以及如何有效使用這些工具方面也沒有資源。這不僅會影響治理計畫是否能有效執行，還會影響員工完成工作的能力，以及他們做這些工作的投入程度。正如第三章所討論的那樣，治理領域的人員往往身兼數職，將時間分散在許多不同的任務上，並且其中一些他們根本沒有能力完成，這樣只會導致工作滿意度和生產力下降，最終導致高流動率，而對沉沒成本和損失時間方面造成影響。

雖然公司高層的支持顯然對其產生的影響至關重要，但仍然需要在其他員工中培養對最佳實踐的積極性。這又是資料文化變得如此重要的原因。首先，需要告知 / 教育員工正確地對待資料和處理資料不僅必要，而且是合乎道德的原因。資料文化會藉由公司的行為繼續強化這種價值，例如：提供 / 要求培訓（及其頻率）、相互溝通、決策者 / 有影響力之人的行為，最後，甚至公司的結構方式。一個典型的例子是一家強調隱私性和安全資料文化的公司，卻沒有專門的團隊和資源來支持這種文化。如果對內部行銷的資料文化與支持該文化實際存在之間存在著脫節，則資料文化的動力和採用實際上就是完全不可能實現的事。

保持敏捷性

希望在前面的部分中，已經能深入了解需要一種非常周到、徹底和結構化的方法，來建立和培養資料文化。在資料文化的開始和建立過程中，不應忽視的一個重要方面是如何保持其敏捷性。我們已經看到，對於許多公司來說，這是一個問題嚴重的領域，如果不直視它的重要性並解決面臨的問題，就會失職，因為保持敏捷性比事後建立敏捷性要容易得多。

敏捷性及其在不斷變化法規中的優勢

在我們的研究過程中，曾遇過一個與 CCPA 相關的非常有趣案例。雖然您可能沒有遇到遵守這一特定法規的情況，但這家公司所面臨的困境，可能有您值得思考之處。

該公司是一家大型零售商，擁有許多不同的擷取資料渠道，因為它在美國各地點銷售其產品。這家公司不僅一直努力在追蹤自己所蒐集的資料，而且還追蹤從第三方蒐集而來的資料，例如，零售商在其自家網站上直接向消費者銷售產品，但也可能透過其他零售商，在他們的商店或透過他們的網站銷售其產品。

CCPA 合規性的一部分是追蹤加州居民的個人識別資料（PII），無論該物品的購買處。例如，Ben 實際上居住在加州，但他在佛羅里達州度假時，在一家大型零售商的銷售點購買該公司產品。交易本身發生在佛羅里達州，但由於 Ben 是加州居民，他可以要求產品公司找到他的購買資料並將其刪除。

雖然許多公司現在都面臨著這個難題，但本個案研究中的公司擁有高度結構化且不靈活的治理策略，該策略不容易快速地適應這些新法規要求。因此，它意識到需要修改其治理策略，以使公司能變得更加敏捷。它帶頭開始這項工作的主要方式，是專注於建立和培育強大的資料文化。由於其業務有如此多的移動部分，也就是來自如此多個不同地方的大量資料，並且可能會出現更多像 CCPA 這樣的法規，這家公司認為定義和建立一種文化，徹底改變且支持治理舉措將是其成功的關鍵。透過這種方式，公司正在建立並已經開始實施全面的資料文化。

需求、法規和合規性

圍繞著敏捷性以建立資料文化的最明顯原因，是資料必須遵守不斷變化的法律要求和法規。可以肯定的是，隨著時間的推移，資料法規會變得愈來愈健全、嚴格。在第一章中，我們討論了可用資料及其蒐集的爆炸式增長，會如何導致堆積如山，且其中大部分未經整理的資料處於閒置狀態。

採取簡單地「處理」現行法規的做法不但短視近利也行不通。因為法規有可能發生變化或突然新增內容，所以要具備可以立即調整、適應能力。所以在一開始就採取措施，會讓一切變得容易許多。

資料結構的重要性

培養敏捷性時要考慮的一個關鍵方面是「為成功做好準備」；同樣地，這是資料文化可以依賴和強制執行的一個組成部分。請注意，「為成功做好準備」不僅是指資料倉儲的結構方式，如蒐集的元資料、使用的標籤 / 標記 / 分類等，更是與支持或使結構順利運行文化的交集。這兩者相結合有助於在出現新法規時能更容易地調整。

這是我們看到許多公司苦苦掙扎的領域。例如，以基於應用程式所存儲的資料為例，來自美國特定公司零售店的銷售資料。在公司當前的分析結構中，這些資料以某種方式標記，如與商店、購買金額、購買時間等相關的元資料。

假設現在有一項新規定，居住在特定州的任何客戶資料都只能保留 15 天。對於這樣的情境，該公司要如何輕鬆地**找出居住**在特定州客戶的所有銷售資料？請注意，這項標準不是指某個州的**銷售資料**，而是**客戶**；由於來自 X 州的客戶可以在 Y 州進行購買行為，因此，如果 X 州是法規中的一部分，則該客戶的資料在 15 天後就需要刪除。為簡單起見，在這裡假設可以追溯到每個購買者居住州的信用卡或行動支付交易，但如果範例中的公司沒有設置相對應的資料結構，以記錄購買者的位置，則該公司將很難快速且輕鬆地遵守此法規。

無論一開始是否標籤或標記，但從源頭就蒐集此類元資料的流程和文化，將使查找此類資料後再標籤 / 標記容易得多，從而能附加保留策略。

上下擴展治理流程

雖然我們不僅強調正確的工具和流程的重要性，也強調獲得公司管理層提供支持的重要性。但不可否認的是，有時候事情並不會按計畫進行，而且需要擴展流程；儘管縮小流程較為常見，但仍有可能需要擴展的案例。

一家公司會裁員可能是因為組織重整、公司重組、併購，甚至資料蒐集的變化，諸如蒐集的實際資料和使用平台、轉換工具、存儲類型和存儲位置，或者是分析工具等。其中任何一個都可能影響治理計畫的運作方式，並且該計畫需要具有彈性以適應此類變化。達成一致的想法、得到支持和加強的資料文化，將有助於成功地實現彈性。

這裡想提到一種策略，也是第二章曾提過的：首先確保處理最關鍵的資料，同樣地，這應該是資料文化的一部分。雖然我們無法預測未來可能會出現哪些要求和法規，但優先考慮對業務最關鍵的資料，以及任何與可識別資訊相關的資料將有助於您擴展能力，以適應未來會發生的任何變化。至少應該要有一個流程可以快速地處理此類資料。例如，在擷取資料的同時，針對所有類型的關鍵資料一一標籤或分類，或者將其儲存在特定的某個位置。

法務和安全性，兩者的相互作用

本書詳細地討論資料治理中涉及的不同角色和「帽子」。在具體審視資料文化時，兩個值得注意的帽子是法務以及安全性 / 隱私權統治者，這兩者及其各自團隊之間的相互作用很重要。

遵守法規

無論公司在角色方面的組織方式以及職責分配為何，都必須有人負責即時地了解公司可能需要或不需要遵守的監管要求。正如之前所討論的，有時候，這是由內部法律代表，即律師所完成；而在其他時候，這項任務會落在擔任隱私權統治者的人員或安全部門的其他人員身上。

這項任務的重要之處在於它需要儘早並且經常地完成，這不僅只是為了確保當前的合規性，而且有助於提高確保未來合規性的能力。正如我們在過去 10 年中所看到的那樣，資料處理標準和法規發生了巨大的變化，了解這些變化的內容，以及如何根據需求來有效建立資料文化，且能夠靈活調整並遵守法規的能力可說是相當重要。

本書已多次討論，尤其第八章，擁有一個適當的審計系統，讓它隨著時間推移，極大化地幫助您監控您的治理策略，並且還有助於完成合規性和遵守法規的任務，當您面臨外部審計時，此舉能讓您知道自己是否合規，而不會發現任何意外情況。

溝通

然而，遵守法規只是故事的一半。必須有一個流程來確定如何發現法規的變化，以及如何將這些變化傳達給那些決定如何進行的人。從本質上來講，需要就可能出現的法規，或是否需要對當前資料處理實踐進行任何更改以符合規定等方面，與決策單位持續溝通。

很容易看出這樣的過程亟需成為公司資料文化一部分。

採取的行動對策

針對這個過程，對 GDPR 的反應是最近的一個絕佳例子。歐盟的所有公司都清楚地意識到這項新法規即將落實，並且需要做出改變才能合規。然而，美國公司的情況有所不同。在我們採訪的許多美國公司中，就他們的資料治理實踐和在改變法規方面的未來計畫，聽到了截然不同的兩種方法：第一種是簡單地忽略新法規，直到它們成為監管要求，所以就 GDPR 而言，在它成為對美國公司的監管要求之前，不用急著去解決合規性問題；第二個方法是假設現今世界上最嚴格的法規可能在未來會成為一項監管要求，因此，現在就得要努力遵守。

這需要強大的資料文化，包括蒐集法律要求、決定公司將遵守哪些要求的小組，以及實際執行確保合規性工作的小組之間的強大互助合作。

敏捷仍然是關鍵

這一點真的可以追溯到上一節關於敏捷性的內容。由於新法規很可能會相繼出現，因此公司構建的資料結構和系統的靈活性將很有效發揮作用，以便有可能在需要時能輕鬆地修改或調整，以適應此類要求。

安全事故處理

在成功的資料文化中，我們已經詳細地討論了流程和溝通的重要性。接著，我們想花時間解構的一個特定流程是安全事故處理。如何處理資料治理中的違規行為？誰又該負責？

當每個人都有責任時，就沒有人需要為此負責

在我們對公司應當如何構建資料治理政策的一些初步研究中，提出的一個問題是，「說到底，誰應該對不當的治理負責？誰的失職而讓這一切處於危險之中？」令人驚訝的是，許多公司都對這個問題避重就輕，並勉強給我們一個特定的人員或小組以作為答案，表示如果出現問題，會追究他們的責任。

這似乎是資料文化中一個不重要的部分，但實際上它非常重要。在本章的前面我們談到了培養關懷和具責任感環境的重要性，這確實很重要，但它也需要有承擔的勇氣，也就是當事情出錯時，必須有一個、多個人員或團體，站出來承擔責任。當缺乏這種結構時，治理即成為看似「每個人」的責任，但卻是「沒有人」負責。在適當的資料處理中，資料文化需要每個人盡自己的一份力量，並承擔屬於自己的部分治理責任，它還需要確定誰是治理特定方面策略的終極首選。

例如，作為資料文化的一部分，公司中的每位資料分析師都有責任了解何謂個人識別資訊（PII）資料，以及是否應該存取它，或者出於什麼目的才可以存取它。良好的資料文化將為這些分析師提供正確資料處理方面的教育和支持。如果分析師錯誤或惡意地存取，或不當使用個人識別資訊（PII）資料，應該要有人對此違規行為負責。有鑑於此，負責人可能是執行存取控制的資料工程師，甚至是負責設置和管理存取策略的隱私權統治者。在任何情況下，作為其工作的一部分，都需要有人負責確保事情能夠順利進行，並在出現問題時接受隨之而來的後果。

我們可能誇大了這一點，但實施和強化責任感是這裡的關鍵。人們還應該接受有關如何負起責任，以及它該有和不該有樣貌的培訓，並且這也應該從一開始就在特定角色中概述。有鑑於此，在角色描述的關鍵任務中，逐字列出的應該是該角色在資料處理方面具體負責的內容，以及未能執行此任務的後果。責任感應該是某種定義和彼此都同意的事物，以及隨之的培訓和溝通，以便人們知道如何負起責任，並承擔隨之而來的後果。

透明度的重要性

透明度是治理中一個經常被讓人遺忘或有意迴避的組成部分，我們不僅需要更深入探討它的重要性，還要深入地探討應該牢記它的原因，並且絕對需要將其作為構建資料文化的一部分來解決。

透明的意義

可以肯定的是，許多公司和組織不想披露有關其資料治理結構的所有細節，這可想而知，但並不完全是個問題。然而，組織在蒐集哪些資料、使用資料的方法和用途，以及採取哪些步驟 / 措施來保護資料和確保正確處理資料方面，一定程度的透明度有其價值。

建立內部信任

在建立資料文化中，之前我們談到了信任的重要性，這種信任是雙向的，自下而上和自上而下。建立這種信任並真正向員工表明它是公司資料文化的一部分，這項關鍵具有完全的透明度：不僅是上述資料相關項目中，如蒐集資料、使用資料的方式、治理流程等需要透明度，也包含安全事件處理策略。在上一節中，我們提到出現問題時定義具體的負責人或團體有多重要。正如這些人應該承擔後果一樣，任何接觸資料的人若有不當的資料處理行為，也應該要承擔對應各種不同的後果。雖然當出現問題時，如此廣泛地分享相關資訊以及將內部處理方式透明化，可能會讓組織感到不舒服，但這樣做會在公司內部建立令人難以置信的信任度，即一再強調的資料文化，將成為整個公司文化不可或缺的一部分。

另一種可以幫助您建立內部信任的策略，是透過使用者論壇以實現雙向溝通，您公司內的資料使用者可以在論壇中表達他們的擔憂和需求。本章之前已討論過溝通的重要性，但這是一個額外的方面，不僅僅是包含資訊內容，實際使用資料的人會告訴您為何該資料可能有誤，或者如何改進；且藉由這個作法，它也可以讓組織中的所有人都感覺有人在傾聽自己的心聲，而且他們是讓這偉大治理計畫得以順利運行的一部分，從而形成資料文化。

建立外部信任

在建立穩固且成功的資料文化時，關注內部，也就是公司具體細節顯然極其重要，但資料文化不會也不應該就此結束。還應該考慮公司 / 組織的外部感知和信任。正如內部完全透明化有助於建立和加強資料文化一樣，關於資料蒐集、處理和保護實踐的外部溝通也非常重要。

從某種意義上來說，公司或組織的客戶是其「文化」的額外延伸。在考慮建立資料文化時，還應該考慮客戶或消費者。資料文化不僅僅只是您的工作人員或員工行為和看法；也是您的消費者或客戶行為和看法，並且是決定他們是否與您的公司互動或購買您產品的行為，而這，通常是由信任感所驅動。

說到對外提供完全透明的資訊，即蒐集哪些資料、如何使用資料、如何保護資料，以及那些為了減少不當行為所做的努力，這些對於建立公司 / 組織的信任感至關重要。可以肯定的是，在某些情況下，客戶 / 人們別無選擇，只能選擇在特定公司或組織接受服務 / 消費等等；但如果能有所選擇，客戶 / 人們更有可能選擇他們所信任的公司，而非他們不信任或不確定的公司。

本質上，資料文化不應該只是一種內部決定的實踐，還應納入公司或組織在世界上的定位，它希望世界了解它如何處理資料，以及它對合規性和適當資料處理的承諾。

建立榜樣

這聽起來可能很崇高，但透明度重要性的另一個方面，甚至可能說是透明度的力量在於，它可以教導和激勵其他人，採用類似的資料治理實踐和資料文化。

如果每個公司或組織都建立、實施和執行我們所制定的治理原則和實踐，不僅每個組織內都會有優秀的資料治理和資料文化，而且還會有跨公司、跨組織、跨產品、跨地域的資料文化。

總結

在本書的整個過程中，您已經了解在建立您自己的成功資料治理計畫時，要考慮的所有面向。我們希望本書不僅向您介紹資料本身的所有方面和特徵、治理工具以及要考慮的人員和流程，而且還向您介紹從更廣泛意義審視您的治理計畫，以納入長期監控和創建資料文化，以確保治理成功的重要性。

當闔上這本書時，您應該覺得自己已經知曉治理計畫的組成部分，包括您可能已經聽說過的某些面向，希望還有一些您以前沒有考慮過的面向；並且您知道**如何**將這些部分組合在一起，以創造和**維護**一個強大、靈活和持久的計畫，該計畫不僅符合，而且超越法規、合規性以及道德和社會標準。

附錄 A

Google 內部的資料治理

為了理解資料治理的發展與重要性，可以觀察一下有哪些公司在這個領域投入大量資金。我們（作者群）不僅都是 Google 的員工，同時我們也相信，Google 內部的既有固定流程，是一個很好的實例。

Google 資料治理的業務案例

Google 將使用者隱私視為第一優先事項，並發布嚴格的隱私原則[1]，做為在整個產品開發週期中的行動方針。既然是首要任務，這些隱私原則包括：尊重使用者的隱私、資料蒐集透明化，以及極其謹慎地尊重使用者資料的保護，確保良好資料治理是 Google 的核心。

在深入了解任何工作細節之前，先釐清其背後動機和使用案例，是一個非常關鍵的好作法。這樣的步驟同樣適用深入了解 Google 資料治理和管理之道。Google 的主要業務是提供搜尋引擎功能和串流影片播放，並在其顯示結果旁邊顯示廣告以帶來收入。請注意，雖然 Google 的營收比起多年前已經更加多元化，但 Google 的主要收入仍然來自於廣告。

1 *https://oreil.ly/HChOe*

因此，有鑑於廣告的重要性，Google 的大部分工作都集中在使廣告與使用者之間更具有相關性。Google 透過蒐集有關終端使用者的資料、替這些資料建立索引，並依此為每個使用者提供個性化廣告。

Google 對於個人資訊的使用始終保持公開透明[2]：例如，當使用者用 Google 搜尋某些資料、在 Google 地圖上點選路線，或在 YouTube 上觀看影片時，Google 都會蒐集資料以使這些服務更具個人化。這可能包括顯示使用者過去觀看過的影片、根據使用者目前所在位置，或他們經常存取的網站，以展示與使用者更相關的廣告，以及更新他們用於存取 Google 服務的應用程式、瀏覽器和行動裝置。例如，當用戶在行動裝置上搜尋某個地點並在 Google 地圖中使用導航，與使用桌上型電腦的瀏覽器搜尋，搜尋結果和相關的廣告可能會有所不同。如果使用者在使用某項服務之前，已經預先登入 Google 了，則該服務可以連結至使用者的 Google 帳戶個人資訊。這可能包括該使用者的姓名、生日、性別、密碼和電話號碼。依據他們使用的 Google 服務而有所不同，如果他們使用 Gmail，這還可以包括他們所寫和接收過的電子郵件；如果使用 Google 照片，則包括他們保存的照片和影片；使用 Google Cloud 硬碟，就包括他們創建的文件、電子表單和投影片；或他們在 YouTube 上發表過的評論，在 Google 通訊錄中添加的聯絡人，和 Google 行事曆上的活動。使用 Google 服務時，所有這些用戶資訊都必須受到保護。

因此，Google 為每個使用者提供了對自身資訊被使用方式的透明度和控制權。使用者可以透過 Google 廣告設置功能[3]，以了解他們的廣告是如何個人化，並可以透過這個功能以控制其個人化廣告；他們還可以關閉個人化廣告，甚至刪除自己的資料[4]。除此之外，使用者有權查看自己在 Google 網域[5]中的活動紀錄，並且可以決定刪除或控制資料的蒐集。這種透明化和控制級別符合使用者的期望，藉此措施，使用者能夠放心地向企業提供他們的個人資訊。Google 對其蒐集的資料[6]，以及如何使用這些資訊[7]來產生上述收入，保持著透明性。如果您正在蒐

2 *https://oreil.ly/WlbZv*

3 *https://oreil.ly/p4_QK*

4 *https://oreil.ly/AglJd*

5 *https://oreil.ly/KY3bM*

6 *https://oreil.ly/WlbZv*

7 *https://oreil.ly/nr04E*

集個人資訊，並使用它來使您提供的服務更具個人化，您應該為客戶提供類似機制，以查看、控制和編輯您對其個人資料的使用。

考量到 Google 已蒐集所有資訊，因此，Google 公開承諾保護這些資訊，確保隱私性也就不足為奇了[8]。Google 非常注重來自公司外部的認證和認可[9]，並提供工具給個別使用者以控制那些的個人資料收集行為[10]。

Google 資料治理的規模

雖然 Google 保留一些關於自身的資訊，例如，它實際蒐集和管理多少資料量等資訊是保密的。但我們仍可以從公開資訊中略窺一二，例如，Google 的報告稱 2020 年將在辦公室和資料中心方面投資 100 億美元[11]。有鑑於此，第三方嘗試使用公開資訊來源以估算 Google 的資料存儲量，或許已經達到 10 EB[12]。

有關 Google 的資料目錄化工作，其規模以及組織資料所採用的方法，可以在 Google 的「Goods」論文中找到更多詳細資訊[13]。這篇論文探討了 Google 資料集搜尋（GOODS）的方法，該方法不依賴利益相關者的支援，而是藉由在背景中執行的工作以蒐集元資料，並為該元資料編制索引，由此產生的目錄可用於進一步為技術元資料添加業務資訊。

面對如此大量和多樣化的資訊，並且其中很多可能是敏感資訊，Google 是如何保護其蒐集的資料並確保隱私性，同時亦保持資料可用性？

Google 已經發表一些關於所用工具的論文，就讓我們來談談。

8 *https://oreil.ly/W4bPM*

9 *https://oreil.ly/EzBqd*

10 *https://oreil.ly/M2ol9*

11 Carrie Mihalcik，〈Google 今年將在美國的辦公室和資料中心方面花費 100 億美元〉（Google to Spend $10 Billion on Offices, Data Centers in US This Year），《CNET》，2020 年 2 月 26 日（*https://oreil.ly/fK_Wj*）。

12 James Zetlen，〈打孔卡上的 Google 資料中心〉（Google's Datacenters on Punch Cards），《XKCD》（*https://oreil.ly/cXhrr*）。

13 Alon Halevy 等人，〈Goods：組織 Google 的資料集〉（Goods: Organizing Google's Dataset），發表自 SIGMOD/PODS'16：資料管理國際研討會，加州舊金山，2016 年 6 月（*https://oreil.ly/Ip_ww*）。

Google 的治理流程

Google 需要尊重和遵守各種隱私承諾，尤其是在使用者資料方面：法規、隱私政策、與外部的溝通和最佳實踐。但這通常很難：

- 做出重要的全面聲明（例如，所有資料都按時刪除）
- 回答具體問題（例如，關閉 X 設定之後，您是否從此再不記錄使用者位置？）
- 將決策告知相關人員（例如，可以將這個 Google 員工添加到那個組嗎？）
- 始終堅持遵守既定的規則

理想狀態是指我們全面了解 Google 的資料和正式環境系統，並自動地執行資料政策和義務。在理想狀態下：

Google 員工的生活更輕鬆

- 選擇保護隱私和安全的路徑，比選擇不安全的路徑來得更容易。
- 透過自動化減少隱私官僚主義。

Google 可以做更多的地方……

- 開發人員使用資料的時候，不用擔心引入關於安全和隱私的風險。
- 開發人員可以將隱私作為產品功能。
- 對外部而言，Google 可以自信地做出有資料支持的隱私聲明。

……同時確保安全和隱私

- Google 可以在隱私問題發生之前，防範於未然。
- 資料義務（政策、合約、最佳實踐）是客觀且可執行的。

Google 製作和發布的每一個功能，都經過核心開發團隊之外專業團隊的審查。這些專業團隊從以下幾個方面來審查產品：

隱私方面

- 該團隊會仔細地查看蒐集到的任何使用者資料，並審查蒐集這些資料的理由。這包括審查 Google 員工可以看見已蒐集的哪些資料，以及在哪些限制條件下可以存取資料。該團隊還須確保資料是在基於使用者同意的情況下蒐集而來的，以及是否為加密資料，並為該資料啟用審計日誌記錄。
- 此外，我們還關注合規性，當使用者選擇刪除資料時，資料能夠在 Google 所承諾的的服務級別協定（SLA）內被可驗證地刪除，並且 Google 將對所有保留的資料進行監控，以確保資料是被以最小程度的保留。
- 在開始蒐集資料之前，藉由驗證合規性和政策，可以提前防範大量挑戰的來臨。

安全方面

這是一項技術審查，旨在根據最佳實踐仔細地檢查程式碼的設計和架構，以便能潛在地阻止未來因安全漏洞而導致的事故。由於 Google 推出的大多數功能，都暴露在公開網路上，儘管總是存在著多層級的安全保護，但我們仍會提供額外審查。有鑑於網路威脅一直都存在並且不斷地發展，擁有領域專家的審查對所有人都有好處。

法律方面

這是從公司治理的角度審查，確保推出的產品或服務符合出口法規，並明確從監管角度進行審查。

（當然，還有經過其他審核者的審查才能發布產品 / 服務，但我們將重點關注與資料治理相關的內容。）

Google 持有著額外的認證[14]，並且大多數認證的共同特徵是經過第三方驗證的。

14 *https://oreil.ly/sBtRS*

Google 如何處理資料？

Google 持有的大部分資訊都進入中央資料庫，並在那裡受到嚴格的控制。我們已經分享了有關該資料庫可能的資訊內容；現在讓我們把注意力放在圍繞著這個資料庫的控制。

隱私安全——以 ADH 為例

ADH 或稱廣告資料中心[15]，是 Google 提供的一種工具，可讓您將自己蒐集的資料，例如 Google 廣告活動事件，與 Google 的事件層級廣告活動資料合併。同時不侵犯被檢查對象的隱私和信任。AD 實現這一目標的方式表明了 Google 在處理資料方面的謹慎。為了提供多層保護，此處有幾種機制協同工作如下：

靜態檢查

ADH 會尋找明顯的違規行為，例如列出使用者 ID，並阻止某些可能暴露使用者 ID 或提取單個使用者資訊的分析功能。

匯總

ADH 確保僅以匯總資料的形式回應，針對回覆查詢指令，其結果中的每一列都對應於多個使用者，並且數量必定超過最小閾值。這可以防止查詢指令識別出個別使用者的資訊。對於大多數的查詢而言，您只能收到 50 位或更多使用者的報告資料。查詢結果會過濾掉某些應該忽略的列，並且不會特別地通知。

差分需求

差分需求不僅會將您正在運行的查詢操作結果與之前結果比較，也會比較同一結果中的列。這個機制旨在防止使用者藉由 Google 匯總功能，從多個使用者資料集中，蒐集有關於個別使用者的資訊。兩個執行工作（Job）之間的底層資料更改，可能會觸發差分需求的違規。

15 *https://oreil.ly/Lt-Hr*

ADH 使用差分隱私

在 Google 上投放廣告的企業，通常希望衡量其行銷效果如何。為此，必須能夠衡量其廣告效果。例如，某家在地餐館在 Google 上投放廣告，它會想知道有多少人在看到廣告後實際拜訪這家餐館。因此，考慮到此類分析需要結合廣告服務的對象資訊與餐廳自身客戶交易資料庫，Google 該如何為廣告商提供客製化分析能力，使其對齊客戶的業務，例如，有多少顧客在 Google 上看到廣告後而下訂單？

ADH 使用差分檢查來啟用客製化分析，同時尊重用戶隱私並維護 Google 的高資料安全標準。應用差分檢查得以確保無法透過比較多個經充分聚合的結果，來識別個別使用者。比較工作結果與之前結果時，ADH 需要在個人使用者層級來尋找漏洞。因此，即使是來自不同活動的結果，或相同使用者數量的結果回報，如果它們有著大量重疊的使用者，也可能必須過濾。另一方面，兩個聚合結果集合可能會有相同數量的使用者，或看起來幾乎相同，但不共享個別使用者資料，因此它在隱私方面是安全的，在這種情況下不會過濾它們。ADH 會使用歷史結果中的資料，以評估新查詢結果是否含有漏洞。這意味著若是一遍又一遍地執行相同的查詢，會為差分檢查創建更多資料，以便在評估新查詢結果的漏洞時可以使用。此外，由於底層資料可能會發生變化，過往認為穩定的查詢，亦有可能違反隱私檢查。

這些技術有時被稱為差分隱私[16]。

針對 ADH 的個案研究，體現了 Google 處理資料的文化理念：除了前面提到的流程部分之外，Google 建立了一個系統，在提供價值的同時，確保將用戶隱私放在第一優先順位的相關防範技術和及其保障措施。Google 在「差分隱私庫」[17] 中捕獲了一些能力。

16 其中一些技術在 Google 發表的〈Differentially Private SQL with Bounded User Contribution〉論文中有所描述（*https://oreil.ly/AH8Sp*）。

17 *https://oreil.ly/9mjo9*

對於另一個案例研究，請思索一下 Gmail 的功能。Google 已經構建了從電子郵件中提取結構化資料的工具。這些工具可提供輔助體驗，例如，提醒使用者帳單支付即將到期，或是回答有關預訂航班起飛時間的查詢。此外，它們還可以結合其他資訊來做看似神奇的事情，例如，當使用者在某間商店時，主動顯示從電子郵件接收到的折扣券。以上所有操作都是透過掃描使用者的個人電子郵件來完成的，同時仍然保護使用者的隱私。請記住，Google 人員不得查看任何一封電子郵件。這在論文〈透過電子郵件以剖析隱私安全的大規模資訊提取系統〉[18] 中有所介紹。在維持隱私性的同時，保有這種掃描資訊的能力並使資訊所有者可以存取它，是基於一項事實，即大多數電子郵件都是企業對消費者的電子郵件，而那些從一家企業發給許多消費者的電子郵件共享相同的模板。您可以在沒有人為干預的情況下，將電子郵件分門別類地回溯到發送端的企業，生成一個沒有任何潛在資訊的模板（區分出樣板的部分和短暫變化的部分），然後以此構建一個提取模板。上述論文有更詳細的介紹。

18 *https://oreil.ly/tvW8A*

附錄 B

其他資源

以下是我們在撰寫本書時參考的一些著作。雖然這並不是我們使用的完整資源清單，但仍希望您在學習資料治理時，這些補充資訊能有所幫助。

第四章：資料生命週期中的資料治理

- Association Analytics 團隊，「如何制定資料治理政策」（*How to Develop a Data Governance Policy, https://oreil.ly/kootb*），2016 年 9 月 27 日。
- 澳洲天主教大學，「資料和資訊治理政策」（*Data and Information Governance Policy, https://oreil.ly/vkb3I*），2018 年 1 月 1 日修訂。
- Michener, William K，「制定良好資料管理計畫的 10 個簡單規則（*Ten Simple Rules for Creating a Good Data Management Plan, https://oreil.ly/q1b4X*），《PLOS Computational Biology》11，第 10 期（2015 年 10 月）：e1004525。
- Mohan, Sanjeev，「應用有效的資料治理以保護您的資料湖泊」（*Applying Effective Data Governance to Secure Your Data Lake, https://oreil.ly/9-8Ps*），顧能公司，2018 年 4 月 17 日。
- Pratt, Mary K，「什麼是資料治理政策？」（*What Is a Data Governance Policy, https://oreil.ly/sFlcd*），TechTarget 公司，2020 年 2 月更新。

- Profisee 公司，「資料治理—是什麼、為什麼、如何、誰和 15 項最佳實踐」（*Data Governance—What, Why, How, Who & 15 Best Practices, https://oreil.ly/zqcRx*），2019 年 4 月 12 日。
- Smartsheet 公司，「如何制定資料治理計畫以控制您的資料資產」（*How to Create a Data Governance Plan to Gain Control of Your Data Assets, https://oreil.ly/Gf8z5*），2021 年 2 月 26 日發布。
- TechTarget 公司，「什麼是資料生命週期管理（DLM）？」（*What Is Data Life Cycle Management (DLM)?, https://oreil.ly/RWaAp*），2010 年 8 月 更新。
- 美國地質調查局，「資料管理計畫」（*Data Management Plans, https://oreil.ly/4u6uG*），2021 年 2 月 26 日發布。
- Watts, Stephen，「資料生命週期管理（DLM）詳解」（*Data Lifecycle Management (DLM) Explained, https://oreil.ly/pW-Z1*），《The Business of IT》（部落格），BMC，2018 年 6 月 26 日。
- 維基百科，「資料治理」（*Data governance, https://oreil.ly/SVmnR*），最後修改於 2021 年 2 月 4 日。
- Wing, Jeannette M，「資料生命週期」（*The Data Life Cycle, https://oreil.ly/DHUVV*），《Harvard Data Science Review》1，第 1 期（2019 年夏季）。

第八章：監控

- Alm, Jens 等人，「國際運動總會對良好治理的行動。哥本哈根：遵守規則 / 丹麥運動研究所」（*Action for Good Governance in International Sport Organisations., https://oreil.ly/GJ4KR*），2013 年 3 月。
- 人機界面研究所，「面向所有人的基礎設施監控」（*Infrastructure Monitoring for Everyone, https://oreil.ly/YrV5x*），2020 年 2 月 26 日發布。
- Ellingwood, Justin，「指標、監控和警報簡介」（*An Introduction to Metrics, Monitoring, and Alerting, https://oreil.ly/Ap2DK*），DigitalOcean 公司，2017 年 12 月 5 日。

- Goldman, Todd，「課程—資料品質監控：持續資訊品質管理的基礎」（*LESSON—Data Quality Monitoring: The Basis for Ongoing Information Quality Management, https://oreil.ly/t96TV*），用智慧轉換資料，2007 年 5 月 8 日。
- Grosvenor 公司，「您的專案進展如何…真的嗎？績效監控」（*How Is Your Program Going...Really? Performance Monitoring, https://oreil.ly/P-ZQj*），2018 年 5 月 15 日。
- Henderson, Liz，「用於監控資料治理的 35 個指標」（*35 Metrics You Should Use to Monitor Data Governance, https://oreil.ly/CvScL*），Datafloq 公司，2015 年 10 月 28 日。
- Karel, Rob，「使用資料監控工具以監控資料｜ Informatica 美國總公司」（*Monitoring Data with Data Monitoring Tools | Informatica US, https://oreil.ly/Xrpib*），《Informatica》（部落格），2014 年 1 月 2 日。
- Pandora FMS 公司，「擁有良好監控系統的重要性？為您的客戶提供最好的服務」（*The Importance of Having a Good Monitoring System? Offer the Best Service for Your Clients, https://oreil.ly/95ZAW*）（部落格文章），2017 年 9 月 19 日。
- Redscan 公司，「網絡安全監控」（*Cyber Security Monitoring, https://oreil.ly/jMury*），2021 年 2 月 26 日發布。
- Wells, Charles，「利用監控治理：服務提供商如何提高運營效率和可擴展性……」（*Leveraging Monitoring Governance: How Service Providers Can Boost Operational Efficiency and Scalability..., https://oreil.ly/ISmaC*），CA 科技公司，2018 年 1 月 19 日。
- 維基百科，「資料歷程」（*Data Lineage, https://www.HCZni*），最後修改於 2020 年 11 月 17 日

索引

※ 提醒您：由於翻譯書排版的關係，部分索引名詞的對應頁碼會和實際頁碼有一頁之差。

A

B

C

D

E

F

G

H

I

J

K

L

M

N

O

P

Q

R

S

T

U

V

W

Z

關於作者

Evren Eryurek 博士是 Google Cloud 的資料分析與資料管理產品組合的領導人，其負責的範圍涵蓋串流分析、Dataflow、Beam、Messaging（Pub/Sub & Confluent Kafka）、Data Governance 及 Data Catalog & Discovery 等解決方案，他並身兼 Data Marketplace 的產品管理總監。

他加入 Google Cloud 並在 Google Cloud CTO 辦公室擔任技術總監，領導 Google Cloud 致力於提供企業解決方案。Google Cloud 事業群設立了 CTO 辦公室，並且仍在組建一支由全球最頂尖的雲端計算、分析、人工智慧和機器學習專家組成的團隊，作為值得信賴的顧問和合作夥伴與全球公司合作。在 Evren 加入 Google 後，他成為第一位在 Google Cloud 首席技術官辦公室擔任技術總監的外部成員。

在加入 Google 之前，他曾擔任 GE 醫療保健事業群的高級副總裁兼軟體首席技術長，這是一個 GE 旗下價值近 200 億美元的部門。GE 醫療保健事業群是提供臨床、商業和營運解決方案的全球領導者，其醫療設備、資訊技術以及生命科學和服務技術，涵蓋從醫生辦公室到綜合交付網絡的環境。

Evren 的 GE 職業生涯開始於 GE 交通運輸部門，他是該部門的軟體和解決方案業務總經理。除了在 GE 的工作經歷之外，Evren 亦在 Emerson Process Management 事業群工作 11 年多，並擔任過多個領導職務，負責為製程控制系統和現場設備開發基於軟體的新型技術，並協調跨部門的產品執行和實施。

Evren 畢業於田納西大學，擁有核子工程碩士和博士學位。除此之外，Evren 也擁有 60 多項美國專利。

Uri Gilad 負責領導 Google Cloud 內針對資料分析的資料治理工作。作為其職責的一部分，Uri 正在帶頭展開跨職能的工作，以創建相關的控制、管理工具和策略工作流程，使 GCP 的客戶能夠以統一的方式應用資料治理策略，無論其資料是否位於 GCP 的部署中。

在加入 Google 之前，Uri 曾在多家資料安全公司擔任高階主管，最近擔任公開零信任 / 端點安全平台 MobileIron 的產品副總裁。Uri 是 CheckPoint 和 Forescout 這兩個知名安全品牌的早期員工和經理。除此之外，Uri 還擁有台拉維夫大學的碩士學位和以色列理工學院的學士學位。

Valliappa (Lak) Lakshmanan 是 Google Cloud 平台上巨量資料和機器學習專業服務的技術主管。他的使命是使機器學習大眾化，以便讓任何人在任何地方都可以使用 Google 那令人驚嘆的基礎設施來完成機器學習；即無需深入的統計或程式開發知識，或需自行擁有大量的硬體。

Anita Kibunguchy-Grant 是 Google Cloud 的產品行銷經理，主要負責 Google 的資料倉儲解決方案 BigQuery。她也負責帶領 Google Cloud 資料安全和治理的行銷內容。在加入 Google 之前，她曾服務於 VMware，負責管理 VMware 的核心產品超融合基礎架構（HCI）：負責 vSAN 的知名度和上市企劃。

她擁有麻省理工學院史隆管理學院（MIT Sloan School）的 MBA 學位，熱衷於幫助客戶利用技術實現業務轉型。

Jessi Ashdown 是 Google Cloud 的使用者體驗研究員，專門專注於資料治理。她與來自世界各地的 Google Cloud 客戶進行使用者研究，並利用這些研究結果和反饋，來幫助指導和塑造 Google 的資料治理產品，以便能最好地滿足使用者的需求。

在加入 Google 之前，Jessi 領導 T-Mobile 的企業用戶體驗研究團隊，該團隊致力於為 T-Mobile 零售和客戶服務員工帶來一流的使用者體驗。

Jessi 畢業於華盛頓大學和愛荷華州立大學，擁有心理學學士學位和人機互動碩士學位。

出版記事

《資料治理技術手冊》封面上的動物是巴基斯坦黃嘴角鴞（Pakistan tawny owl，學名 *Strix aluco biddulphi*）。雖然黃嘴角鴞在歐洲、亞洲和北非很常見，但該亞種只現蹤於阿富汗、巴基斯坦、印度北部、塔吉克和吉爾吉斯等地。這類貓頭鷹偏好溫帶落葉林或有一些空地的混合林；牠們也可能棲息在灌木叢、果園、牧場或有大樹的城市公園，也就是任何有足夠樹葉，讓牠們在白天可以隱藏起來的地方。

黃嘴角鴞往往有中等大小的棕色或棕灰色身體，大而圓的頭和深黑色的眼睛。但巴基斯坦黃嘴角鴞具有獨特的灰色，底部呈白色，頭部和披風（mantle，指背部覆蓋的羽毛）下方有強烈的人字形圖案。牠們也認定為是最大的亞種，翼展約 11 至 13 英寸（約 28 至 33 公分）；雌性通常比雄性稍大。這些貓頭鷹嚴格來說是夜間活動的動物，在白天並不常見。牠們是肉食性動物，在黃昏至黎明的這段時間內捕食小型哺乳動物、囓齒動物、爬行動物、鳥類、昆蟲和魚類。牠們不會遷移，並在一歲後成為成熟個體。

黃嘴角鴞為終身一夫一妻制，繁殖季節為二月至七月，築巢於樹洞、岩石間或古建築的縫隙中。雌性一個月會孵化兩到四個蛋。新孵出的幼體是需要母鳥照顧一段時間的，在最初的 35 到 40 天內，幼鳥無法照顧自己或離開巢穴；父親會帶回食物並由母親餵養幼鳥。幼鳥會與父母一起生活約三個月，直至翅膀的羽翼完全地成長，此時牠們可能會在繁殖後分散到當地其他範圍內建立新的領地。巴基斯坦黃嘴角鴞的領地意識很強，終年可捍衛約 1000 平方公尺的面積。

黃嘴角鴞是出色的獵人，雖然牠們的視力跟人類比好不到哪裡去，但牠們具有出色的定向聽覺，並且在追蹤獵物時，頭部可以旋轉近 360 度。牠們在野外的壽命通常為 4 年，但有記錄以來最古老的野生黃嘴角鴞壽命超過 21 年！黃嘴角鴞是國際自然保護聯盟近幾年極為關切的物種。O'Reilly 封面上的許多動物都瀕臨絕種，牠們對世界都很重要。

封面插圖以 *Meyers Kleines Lexicon* 的黑白版畫為基礎，由 Karen Montgomery 所繪製。

資料治理技術手冊

作　　者：Evren Eryurek 等
譯　　者：簡誌宏
企劃編輯：蔡彤孟
文字編輯：詹祐甯
特約編輯：袁若喬
設計裝幀：陶相騰
發 行 人：廖文良

發 行 所：碁峰資訊股份有限公司
地　　址：台北市南港區三重路 66 號 7 樓之 6
電　　話：(02)2788-2408
傳　　真：(02)8192-4433
網　　站：www.gotop.com.tw
書　　號：A746
版　　次：2023 年 12 月初版
建議售價：NT$580

國家圖書館出版品預行編目資料

資料治理技術手冊 / Evren Eryurek 等原著；簡誌宏譯. -- 初版.
-- 臺北市：碁峰資訊, 2023.12
面； 公分
譯自：Data governance: the definitive guide.
ISBN 978-626-324-672-0(平裝)
1.CST：資料處理 2.CST：雲端運算 3.CST：資訊安全
312.74 112018296